高等职业教育园林类及通识课教材

茶艺

CHAYI

主　编　张少艾　鲁朝辉

重庆大学出版社

内容提要

本书是高等职业教育园林类及通识课教材，上篇茶艺基础，全面介绍了中国的饮茶历史和茶文化基础知识；中篇茶艺各论，六大类茶加上再加工茶花茶，介绍了各大类茶的主要特点、名品和品饮方法，上篇和中篇为课程的基本内容；下篇茶席设计和茶会组织为进阶内容，大家可根据实际情况选择教学内容和安排课时。为激发学生的学习兴趣，本书内容注重生活中的茶艺实践和趣味性。

学生通过本书中大量的实操练习，掌握有关茶叶的分类和各类茶中代表名品的特点及日常生活中的品饮方法。在习茶过程中，了解中国茶文化之博大精深，激发学生对中国传统文化的热爱，提升日常审美情趣，在品茶的同时慢慢学会专心静心，修身养性，体会茶之道即心之道。

本书可作为高等职业教育园林、园艺、旅游、酒店等专业的教材，也可作为全校素质类教育的茶艺选修及通识课教材，还可作为中小学教师继续教育和培训类教材，还适合广大爱茶的社会人士阅读参考。

图书在版编目（CIP）数据

茶艺 / 张少艾，鲁朝辉主编 .-- 重庆：重庆大学出版社，2021.12

高等职业教育园林类及通识课教材

ISBN 978-7-5689-2758-1

Ⅰ.①茶… Ⅱ.①张…②鲁… Ⅲ.①茶艺—中国—高等学校—教材 Ⅳ.① TS971.21

中国版本图书馆 CIP 数据核字（2021）第 107844 号

茶 艺

CHAYI

主 编 张少艾 鲁朝辉

策划编辑：何 明

责任编辑：何 明 版式设计：原豆文化 莫 西 何 明

责任校对：夏 宇 责任印制：赵 晟

*

重庆大学出版社出版发行

出版人：饶帮华

社址：重庆市沙坪坝区大学城西路 21 号

邮编：401331

电话：（023）88617190 88617185（中小学）

传真：（023）88617186 88617166

网址：http://www.cqup.com.cn

邮箱：fxk@cqup.com.cn（营销中心）

全国新华书店经销

重庆长虹印务有限公司印刷

*

开本：787mm×1092mm 1/16 印张：10 字数：193 千

2021 年 12 月第 1 版 2021 年 12 月第 1 次印刷

ISBN 978-7-5689-2758-1 定价：49.00 元

编委会名单

主 编

张少艾 复旦大学植物学专业本硕毕业，先后在上海交通大学农学院、深圳职业技术学院讲授茶艺课程 20 多年。日本小笠原流煎茶道正教授，并担任中国支部深圳支部长，深圳市茶艺师考评员、高级评茶员，深圳市中学教师继续教育茶艺课程授课老师。

鲁朝辉 西南大学（原西南农业大学）本硕毕业，英国胡福汉顿大学访问学者，深圳职业技术学院风景园林设计专业资深花艺教师，深圳市中小学教师继续教育课程“中国插花艺术”主讲老师，主讲插花艺术课程 20 多年，习茶 10 多年。

前　言

作为国饮的茶，自神农发现以来，在中国已经有近五千年的应用历史了，茶对国人来讲，既是“柴米油盐酱醋茶”中的生活必需品，它因含有对人体健康非常有益的成分，而被称为健康饮料；同时，茶又是文人雅士，“琴棋书画诗酒茶”风雅生活的承载物，是温饱有余的人们追求精神审美的重要媒介。中国人自古就有通过喝茶延年益寿、修身养性的说法，可以说，茶这一片叶子对中国人来讲，是关联着精神文明和物质文明两方面发展不可或缺的重要事物。“性洁不可污，为饮涤尘烦”，韦应物的这两句诗把茶性说透了。

编者从小生活在鱼米之乡的太湖之滨，受家人影响爱上了饮茶，已有近 40 年的饮茶经历。因为爱饮茶，而对茶文化产生了兴趣。从 20 世纪 90 年代初开始接触并学习有关知识，从 1996 年开始学习传自中国有着中国明朝饮茶习俗遗风的日本小笠原流煎茶道。在自己修习茶道的过程中，获得了许多美好的感受，为了分享这些美好，编者开始在当时任教的上海农学院（现已并入上海交通大学），开设“茶艺”选修课。2001 年调入深圳职业技术学院园林专业任教后，更深深觉得，中国传统园林作为风雅生活的一种形态，茶，在其间也扮演着重要角色，所以，一直坚持着给学生开设“中国茶艺”选修课，引导学生在习茶过程中，以了解中国茶文化之博大精深为契机，激发学生对中国传统文化的热爱，提升日常审美情趣，在品茶的同时慢慢学会专心静心，修身养性，体会茶之道即心之道。

二十多年来，编者一边不间断修习着茶道，以中日两国茶文化交相印证，一边坚持给学生开设“茶艺”选修课，受到学生的认可和欢迎。编者始终认为，茶，是一种生活美学。笔者立足于茶爱好者的角度，在课堂上着重于分享饮茶带来的美好体验，以此为基础编就的这本教材，更偏重于生活实践和趣味性，希望能不仅仅成为学生们的教材，也希望成为更多人有兴趣翻阅的案头、枕边小书。

现代人紧张的生活节奏，让每个人都步履匆匆，忙，成为许多人经常挂在嘴边的一个字。忙，心亡也，它让我们变得浮躁、焦虑。如果能通过每天花少量的时间，专心致志泡一壶茶，来获得片刻的心闲，慢慢品一杯茶，有一颗从容的心去面对人生，那是多么美好的事啊！

同为编者的同事鲁朝辉，是一位花艺教师，我们曾经一起合作过很多次，带着学生举行了多场花言茶语的茶会，给学生留下了许多美好的回忆。“弄花香满衣，掬水月在手”，通过伺花品茶所获得的已经不仅仅是表层的愉悦，还成为学生们在以后漫长的生活中的审美启迪。感谢重庆大学出版社，感谢何明编辑，让我们有机会将多年的教学体会汇编成书，以飨读者。

张少艾

2021 年 6 月于深圳

目　录

中篇 茶艺各论

0 绪　论

品茶不同于饮茶，它是一种生活美学，是一种风雅的生活方式。古时文人有风雅的生活四艺“点茶、插花、焚香、挂画”，是温饱有余后的人们对生活的高层次追求，隐含着一种精神和文化，是对抱朴守真心灵生活的一种崇尚和回归，是一种精神的滋养，而不是一掷千金、醉生梦死的土豪生活。可以说，风雅生活是一种能把平庸苟且的生活变成诗意的栖居的智慧。

0.1　茶文化、茶艺、茶道的概念

在进入茶艺学习之前，我们先弄清楚几个名词概念：茶文化、茶艺和茶道。

1）茶文化

这个概念的含义是很广泛的，它几乎包括了有关茶的一切物质的、精神的活动，包括茶的自然科学和人文科学。涉及的领域可涵盖古生物学、地质学、植物学、贸易学、中医药学、本草学、民族学、历史学、宗教学、文学、美学等等。

2）茶艺

茶艺相对具象一点，广义的茶艺指从制茶开始，泡茶、品茶的艺茶之术；狭义的茶艺主要指泡茶技法及品茗艺术，我们的学习就从这里开始。茶艺应该既蕴含科学道理，又有形式艺术之美，学习过程中既要知其然，又要知其所以然，这样才能举一反三，触类旁通，拿到所有的茶都能根据其性质特点，采取合适的泡饮方法，并且在品茶的过程中得到审美的享受。

3）茶道

茶道是艺茶过程中所贯彻的精神、修养、审美情趣、美学意境，是艺术、哲学、宗教的综合文化，是物质与意念、情操、道德、礼仪的结合。茶道不是用语言可以传授的，而必须是习茶者在习茶的过程中慢慢领悟。有道无艺，是空洞的理论；有艺无道，艺则无精无神，道与艺相辅相成，不可偏废。借用周作人先生的话来说：“茶道的意思，用平凡的话来说，可以称之为忙里偷闲，苦中作乐，在不完全的现实中享受一点美与和谐，在刹那间体会永久。”

0.2 学习茶艺的意义

茶之道，心之道也。学茶艺，悟茶道，始终要持一颗平常心，求神不求形。

为什么要学本课程，在学校里开设中国茶艺课的意义在哪里呢?

● 通过学习茶艺，能激发同学们对祖国传统文化的热爱。中国传统文化的精髓既有儒家的中庸、和谐、内省、仁爱、礼让，又有释（佛）家的平常心、去执着、与人为善，还有道家的道法自然、天人合一。表面看，中国儒、释、道各家都有自己的茶道流派，其形式与价值取向不尽相同。佛教在茶宴中伴以孤寂青灯，要明心见性；道家茗饮寻求空灵虚静，避世超尘；儒家以茶励志，沟通人际关系，积极入世。这种表面的区别确实存在，但各家茶文化精神有一个很大的共同点：和，实际上是以儒家的中庸为前提的和谐、平静。儒释道三者均与茶性相吻合，体现了人性中真善美的本性。而且中国的传统文化有着一种特殊的神奇力量，可使人的精神升华，心灵得到安抚。茶道精神，归根结底，体现一个“和”，和谐，和美，和平。在社会生活中，中国人主张有秩序，相携相依，多些友谊与理解。在与自然的关系中，主张天人合一，五行协调，向大自然索取，但不能无休无尽，破坏平衡。水火本来是对立的，但在一定条件下却可相容相济。儒家把这种思想引入中国茶道，主张在饮茶中沟通思想，创造和谐气氛，增进彼此的友情。饮茶可以更多地审己、自省，清清醒醒地看自己，也清清醒醒地看别人。中国历史上，煮茶法、点茶法、泡茶法都讲究“精华均分”，好的东西，共同创造也共同享受。从自然观念讲，饮茶环境要谐和自然，程式、技巧等茶艺手段既要与自然环境协调，也要与人事、茶人个性相符。青灯古刹中，体会茶的苦寂；琴台书房里体会茶的雅韵；花间月下品味茶的清氛；民间俗饮要有欢乐与亲情。可以说，茶是中国文化的一种美好载体，通过习茶，能够使同学们了解中国的传统文化，激发大家对祖国传统文化的热爱，自觉学习和传承博大精深的中国传统文化。

● 通过学习茶艺，也有利于个人的修身养性。自古中国文人的理想就是修身、齐家、治国、平天下，修身是齐家、治国、平天下的基础。茶，洁净，高雅，清香，代表着一种美好的情趣；茶，雅俗共赏，既是“琴棋书画诗酒茶”中清雅的茶，也可以是“柴米油盐酱醋茶”中烟火气十足的茶。茶道精神在于谦恭、友好、清雅、宁静、和谐、自由超脱、清心俭德、平等。自古至今中国人以茶敬客，以茶会友，以茶立德，以茶陶情。古时文人风雅生活四艺“点茶、插花、焚香、挂画”，点茶之所以能列入其中，就是因为饮茶能“怡情、遵礼、益性、健身”。中国现代著名茶学家、浙江农业大学茶学系教授庄晚芳提出的“中国茶德——廉美和敬”充分体现了人们对茶道的美好认知：廉，廉俭育德；美，美真康乐；和，和诚处世；敬，敬爱为人。从中国传承并发展起来的日本茶道，也有相似的茶道精神：和敬清寂。这提醒我们，在我们专心习茶、静心领悟茶道的过程中，我们会在不知不觉中陶冶了性情，达到修身养性的目的。

● 我们提倡饮茶，还因为茶是一种天然的健康饮料。茶含有丰富的营养成分（维生素、糖类、蛋白质、脂肪等）和药用成分（茶多酚、咖啡碱、脂多糖等），自古就被我们作为一种天然的保健饮料，甚至被我们的先人们称为延年益寿的仙药。唐朝药物学家陈藏器评述茶的功效为“诸药为各病之药，茶为万病之药”。现代医学也科学地证明了茶能提神益思，补充营养，防治心血管病，抗癌，抗辐射，减肥等，所以茶被越来越多的人所推崇，有人称茶为“21 世纪的健康、和平饮料”。茶，几千年来就一直是我们的国饮，我们希望通过学习，让年轻的一代在深入了解茶的美好后，能深深地喜欢上这种健康饮料。一般家长都不敢让孩子喝茶，其实现在荤食较多的孩子如果每天喝一小杯淡淡的茶，不但可以补充维生素、帮助消化，而且还能防止龋齿，好处多多。

0.3 学习茶艺的方法

那么怎么来学习茶艺呢?

首先，我们要明“茶”性，学习了解一点茶的科学，只有这样，我们才能知其所以然。

其次，我们要在课堂外全面提高自己的传统文化修养，因为茶文化是根植于中国传统文化的，只有你有了丰厚的传统文化底蕴，才能更好地领悟茶道精神。历史上从古至今许多著名茶人，也是大学问家，多才多艺，如陆羽、苏东坡、林语堂、周作人、梁实秋、陆文夫、唐云等。我们可以通过诵读古诗词、习画、练字来提高自己的国学修养，练太极拳以体会那种圆润、包和，练习瑜伽来静心、调整呼吸，读一些禅学、佛理等等，来全面丰富自己中国传统文化的修养。

最后，我们不妨亦步亦趋跟着老师学一些泡茶的基本技艺，在平凡的日常生活中，反复实践。平时，一些生活细节也有助于我们进入“茶”的境界，比如：穿中式传统服饰，泡茶前洁手，淡妆，不用浓香水，环境宜清静，放些背景音乐，经常读古诗词、练书画、弹奏民乐、习练气功、武术、插花、焚香等。学习茶艺的人，须要心中无我，为人要相对脱俗，要有平常心，要有幽雅的心境。只有忘却自我，祛除执着心，身心遁入自然，才能演绎好茶事。所谓平常心是道!

上篇 茶艺基础

❶ 饮茶史话

1.1 茶的起源

相传，茶乃神农所发现，《神农百草》说：“神农尝百草，日遇七十二毒，得荼而解之。”这里的“荼”即为茶，约公元前2700年，距今已有4700多年。茶树被学界公认为起源于中国的西南地区，迄今为止，云南还留存有2000多年的古茶树，可以此作为佐证。

云南南糯山的古茶树

茶在起初，是被先民们作为药用，也作为可以填肚子的苦菜用，云南少数民族至今依然保留着用茶叶做菜的饮食习惯。清代学者顾炎武《日知录》中说：“自秦人取蜀而后，始有茗饮之事。”可见，秦统一中国后，茶作为茗饮才慢慢普及开来。只是，一开始的茶汤是加了椒、桂、姜等多种佐料烹煮的，这种习俗一直延续到中唐。茶圣陆羽在《茶经》中提出，加了佐料、香料的茶汤，失却了茶本身的清芬真味，无异于“沟渠之水”，提倡清饮茶汤。不过那时候的茶汤还要加少许盐进行调味，陕西法门寺出土的唐朝茶具中留存的盐罐可说明之。唐朝时的煎茶法概括来讲就是“焙炙—碾碎—筛罗—煮水加盐—加茶末—品茶”六个步骤。

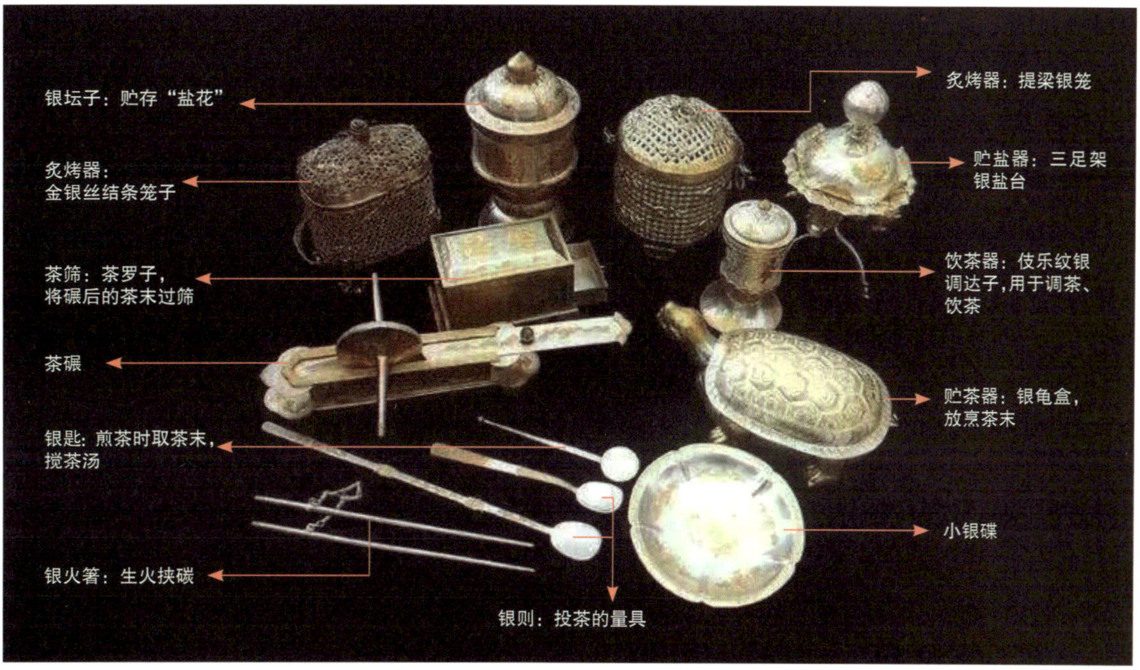

法门寺出土的唐代宫廷茶具

茶叶的加工也从最初的鲜叶嚼食、烹煮到生晒保存，再到焙制；从唐朝时的蒸青团饼，到明朝全面普及散茶；从单一的绿茶到明朝出现了绿、黄、白、青、红、黑六大类茶。饮茶方法也从唐朝的团饼碾末煎茶到宋朝的末茶冲点，直至明朝以后的散茶泡饮。

撵茶图（宋 刘松年）

1.2　茶道文化的发展历程

下面再说说茶道文化的大致发展历程。

1）唐朝以前

唐朝以前，称为茶道文化的酝酿时期；三国时，吴主孙皓赐韦曜以茶代酒，传说诸葛亮南征，在西双版纳留下茶树——孔明树。两晋、南北朝时，茶文化初见端倪。晋初，奢侈成风，西晋亡，东晋有识之士提倡以茶养廉，以茶代酒来敬客。南北朝（北魏南晋）时，开始以茶代替三牲为祭品。这一切都表明茶进入了精神领域，表现出文化功能。当时天下骚乱，文人无以匡世，渐行清谈之风，以茶助清谈之行。南朝晋人归定都洛阳的北魏，饮茶之风传到中州。玄学发展，玄学家崇尚清谈、高雅，又爱演讲，常以茶助兴，提神益思。因此士人开始讲究饮茶，发展了越瓷等。此时，道家以茶来帮助炼“内丹”，轻身换骨，以期修成长生不老之体，佛家以茶助禅定入静。

2）唐朝

唐朝时茶风盛行的原因是：首先与佛教大发展有关，僧人有闲，专门进行精神修养，需茶破睡助禅，以至于寺院种茶、采茶、饮茶成风；其次唐朝诗风大盛，文人雅士常以茶助诗兴；再次唐兴起贡茶，中唐以后长安又禁酒，更兴饮茶之风。当时的边疆民族朝贡，将茶带往边疆，开创了茶马互市。

唐朝初期，封演的《封氏闻见记》中提及：“茶道大行，王公朝士无不饮者。”这是世界上第一次出现茶道一词。

中唐时期，出了一个被后人誉为“茶圣”的陆羽（728—804 年）。他好文学，嗜饮茶，涉足全国各地，逢山采茶，遇水品泉，耗数十年心血，写出了世界上第一部茶百科全书——《茶经》。《茶经》共十章，七千余字，分上、中、下三卷：一之源；二之具；三之造；四之器（24 件，所创炉灶隐含五行相生相克），详述了茶道所需的 24 种器皿，包括规格、质地、结构、造型、纹饰、用途和使用方法；五之煮，讲烤茶要领、燃料、水质、火候等；六之

《茶经》（唐 陆羽）

饮，详细规定了饮茶应该注意的9个问题，还提出品名贵之茶每次不要超过三盏，以及三人饮茶、五人饮茶和七人饮茶各应如何进行；七之事，例举历史上饮茶典故与名人逸事；八之出；九之略，讲述在野外进行茶事活动哪些器皿可以省略；十之图，要求把茶事活动绘成图，挂在茶席一角，让人一目了然。

陆羽出身寺院，所交多为僧道文人，集儒释道思想于茶理之中，奠定了中国茶文化的理论基础。陆羽博学多才，对自然地理、气候、土壤、水质、植物学、哲学、文学、历史等都有很深的造诣。《茶经》是集多方面知识之大成，可谓空前绝后。陆羽的《茶经》搭设了茶文化的基本轮廓，将精神与物质融为一体，创造了一种新的文化形式。《茶经》总结了前人的茶文化发展，形成了规范的中国茶道、茶艺。陆羽在《茶经》中首次把饮茶当作一种艺术过程看待，创造了从"烤茶—选水—煮茗—列具—品饮"一整套中国茶艺，过程中贯穿了一种美学意境和氛围。首次把"精神"贯穿于茶事之中，强调茶人的品格和思想情操，提出"精行俭德"，自我修养；也是首次把儒释道的思想文化与饮茶过程融为一体，首创中国茶道思想。

唐朝的许多文人都是茶道的拥趸，留下了大量有关的诗词文字，其中卢仝的《饮茶歌》中的七碗茶之说，成为后世茶人耳熟能详的典故："一碗喉吻润，两碗破孤闷，三碗搜枯肠，唯有文字五千卷；四碗发轻汗，平生不平事，尽向毛孔散；五碗肌骨轻，六碗通仙灵，七碗吃不得也，唯觉两腋习习清风生！蓬莱山，在何处？玉川子乘此清风欲归去！"后世的苏东坡曾有一句著名的诗句："何须魏帝一丸药，且进卢仝七碗茶。"

3）宋朝

到了宋朝，唐朝形成的茶道更是盛行，当时辽与北宋对峙，金与南宋对抗，北方民族崛起，南北民族大融合，茶文化传播到了北方游牧民族及国外。

唐时茶道以僧道文人为主，宋时宫廷茶道正式出现，宋徽宗赵佶著有《大观茶论》，皇室茶走向奢靡，有违唐人朴拙之风，贡茶（北苑建茶，龙团凤饼）盛行，民间出现斗茶之风，分茶之戏，茶坊兴旺。宋人点茶（日本抹茶道起源于此），唐人煮茶。宋人茶艺精于唐人，对推广茶文化作了重大贡献，但过分重技艺而有失精神。宋代著名文人许多是茶人，如苏东坡、欧阳修、范仲淹等，他们有大量的茶诗、画、帖。宋人冲点末茶，盏中常出现白色沫饽，能者还能幻化出图案，为观赏效果，故崇黑盏。著名的建盏应运而生，传至日本的天目盏现已成为日本国宝。宋代将茶酒花香琴馔相融，饮茶与相关技艺结合，形成了有高度审美情趣的茶道形式。

源自中国宋朝的日本抹茶

现代人复制的建盏

4）元、明、清

元、明、清三代的茶文化发展有点曲折。

元代，蒙古人秉性质朴，不好繁琐，茶艺回归质朴、简约，开始流行散茶。汉文人面临故国残破，异族压迫，希望以茶来表现自己的清节，誉茶为“苦节君”。道教流行，茶人回归自然。明初至明中，朱元璋下令废除团饼贡茶，茶艺趋于简约，茶文化精神与自然契合。但到了晚明至清初，精细的茶文化再次出现，茶风趋向纤弱。明朝对文人实行高压，文字狱盛行，文人胸怀大志却无处施展，灰心之余，乃以琴棋书画表达志向，以茶雅志，别有一番怀抱。也有茶人玩物丧志，两耳不闻窗外事，一心只在饮茶上。明朝出现了大量描述茶及其他风雅文化的著作，比如许次纾的《茶疏》被认为是当时最好的茶书，还有钱椿年的《制茶新谱》、田艺蘅的《煮泉小品》、朱权（朱元璋十七子，即宁王）曾作《茶谱》、张岱的《陶庵梦忆》、文震亨的《长物志》等。

日本小笠原流煎茶道（杭州棚雅点前）

明人茶文化反映了中国士人茶文化的特点：清节励志。但晚明茶艺精而奇巧，最重罗岕茶，宜兴陶，惠山泉，追求清闲，雅玩而非高洁。明朝文人茶传到日本，发展出了日本的煎茶道。

清朝康熙、乾隆二帝均嗜茶，二帝多次下江南留下了许多与茶有关的故事。康熙赐名太湖名茶“吓煞人香”为碧螺春。乾隆皇帝六次南巡到杭州，曾四度到过西湖茶区。他在龙井狮子峰胡公庙前饮龙井茶时，赞赏茶叶香清味醇，遂封庙前十八棵茶树为“御茶”。乾隆退位时留下“国不可一日无君，君不可一日无茶”之佳话。退位后仍嗜茶如命，在北海镜清斋内专设“焙茶坞”，悠闲品尝。享寿八十八年。

清朝曹雪芹所著的《红楼梦》中的茶事至今为人所津津乐道。在清朝，中国茶传到西方，被世界各国广为所知。

5）民国

到了清末民初，茶文化走向伦常日用，从“琴棋书画诗酒茶”更多地变成了“柴米油盐酱醋茶”。城市茶馆大兴，俗饮大力推广，茶道渐渐被湮没，茶艺只在少数爱茶人中流行，茶具百花齐放。

6）现代

时光流转到了20世纪70年代末，台湾一些有识人士针对青年人崇尚西方文化，轻视祖国传统文化的现状，提出要弘扬中国文化，要从过去的文化中寻找灵感，创造自然和谐的生活理念。号召从咖啡厅到茶艺馆，从西方情调走进东方境界，提倡传统生活方式，重建反省心灵小据点，兴起茶艺馆，此风渐及中国香港、中国大陆、东南亚。

1989年，北京首届中国茶与文化展示周，掀起了大陆茶文化热潮。同年，庄晚芳先生提出中国茶德：廉美和敬。台湾中华茶艺协会提出茶道精神：清敬怡真。

1990年，台湾蔡荣章兴起“无我茶会”，通过抽签排座，提倡无尊卑之分，无报偿心，奉茶至左，饮茶自右，无所为而为，无好恶之心的茶道理念。

1991年，杭州首届国际茶文化节，提出“茶使世界健康美好”，建立中国茶博馆。

综上所述，茶发现于神农，闻于春秋战国，兴于唐，盛于宋，精巧于明，平民化于清，衰于民国，重兴于20世纪80年代。中国茶、中国茶道现正被越来越多的世人所认识和热爱。茶从药用、菜用到饮用，从加佐料饮到清饮，从鲜叶晒干收藏到利用各种方法焙制、烘干，从龙团、凤饼、碾末、煎煮，到芽茶、散茶冲泡，茶叶的种类也从单一的绿茶而进一步发展出了黄茶、黑茶、红茶、白茶、青茶六大类。这一历史，无不体现了我国劳动人民的智慧，足以让后人引以为傲。根植于中国五千年文明的茶文化，可以说是一种典型的“中介文化”——物质文明和精神文明相互渗透的一种文化。人们可以借助“茶”这一具体的“物”来得到精神上的升华，在茶烟袅袅之中，进入一个天人合一、超凡脱俗的境界，达到修身养性的目的。

❷ 茶之分类

2.1 茶的分类

俗话说“喝茶喝到老，茶名叫不了”。中国茶根据制茶时是否发酵及发酵程度不同，分为绿茶、白茶、黄茶、青茶、红茶、黑茶六大类。每一类茶又有许多品种，还有窨花茶、紧压茶等再制茶。

茶类	发酵程度	名品
绿茶	不发酵	龙井、碧螺春、黄山毛峰、信阳毛尖等
白茶	微发酵	白毫银针、白牡丹等
黄茶	轻发酵	君山银针、蒙顶黄芽、莫干黄芽、霍山黄大茶等
青茶	半发酵	铁观音、大红袍、黄金桂、凤凰单丛、冻顶乌龙等
红茶	重发酵—全发酵	祁红、滇红、正山小种、金骏眉等
黑茶	后发酵	普洱、六堡茶、藏茶等

2.2 茶的特性

发酵程度重，茶汤颜色偏红色者，茶性比较温热；发酵轻，茶汤偏青绿者，茶性寒凉。我们要根据自身情况和季节合理选择茶类。六大类茶中，红茶、黑茶、青茶较温热，凉性则以新白茶为最，绿茶其次。黑茶中的普洱茶中熟茶、老生茶温和，新生茶则较寒凉刺激。因而暑热天宜喝绿茶、白茶，清热消暑；寒冬天宜喝发酵重的青茶、红茶、熟普、老生普，驱寒暖胃。但不能一概而论，比如夏日炎炎但终日在凉风习习的空调房里，你可能需要一杯温暖的红茶，而北方冬天屋子里暖气十足，你或许更愿意喝一杯绿茶、白茶来清火润燥。绿茶

绿茶（龙井）

黄茶（霍山黄芽）

白茶（白毫银针）

青茶（岩茶肉桂）

红茶（祁门红茶）

黑茶（六堡茶）

维生素、茶多酚丰富，在健康饮料中排名第一，但其寒性、刺激性也大，脾胃健康者可多饮，而脾胃虚弱者、妇女、老人却要避免饮或少饮。

由于工艺的不同，发酵与否及发酵程度不同，茶汤显示出不同的颜色和不同的香气滋味。白茶、黄茶、青茶和红茶的发酵，都是茶叶本身在酶促或湿热条件下，茶叶的化学成分在发生转化。但黑茶的发酵却必须在外界微生物参与的情况下，在陈放的岁月中不断成熟转化。所以，我们称之为后发酵。因此，黑茶的储存和其他茶不同，它并不需要密封，而是应该在合适的温度、湿度，干净有一定透气性的环境下，所以，我们常用绵纸、箬叶、竹篓等来包装黑茶。

六大类茶汤比较，从左至右为白茶、绿茶、黄茶、青茶、红茶、黑茶（熟普）

❸ 茶之品饮

3.1 选茶

不能绝对说哪一种茶最好，只能说哪种茶适合你，是你自己最喜欢的。现在社会上流行跟风，今天普洱炒得热，大家就都喝普洱，明天金骏眉很火，大家又开始喝金骏眉，其实不然。茶叶的选择，除了个人的爱好，我们还应该应时应季应人来选茶。最贵的、最好的不一定是适合你的，你喜欢的、喝着舒服的、价位合适的，对你来讲就是好茶。比如绿茶、白茶保留了较多的维生素和茶多酚，对健康大有好处，但它性寒，对肠胃刺激性大，尤其是新绿茶，脾胃虚弱者、老人、妇女都不宜多喝，而青壮年尤其是烟酒多的人却应该多喝。红茶、熟普则性温暖胃，老少咸宜。熬夜的人喝点红茶、熟普，还有补养肝肾的作用。一个喝过很多种茶的人，他的身体对各种茶会有记忆，在不同时间、地点、场合，自然而然会对某种茶生出想喝的欲望，我们不妨跟着身体的感觉走。

云雾缭绕的茶山

选茶要看产地，一般气候温暖、土壤肥沃、山清水秀、经常有云雾缭绕的茶区，会产高品质的茶。

同一种茶，选茶时一看外形是否匀整，粗细松紧度、形状是否符合其所属茶类特点，色泽是否调和一致、光泽油润；

二闻其干香是否纯正；三捏试其茶叶是否干爽。如茶叶外形轻飘、粗松（白茶除外）、断碎，色泽花杂、灰暗，闻之有烟、焦、霉等异气者均为下品。当然最好还能以水冲泡后鉴别，看汤色是否明亮——如果符合各茶类特征且清澈明亮，一般都是好茶；闻一下杯中香气是否纯正、持久；再尝其滋味，以鲜、爽、醇、厚、有余甘者为上品，而滋味淡薄、苦涩又不能转化为甘味者为次。

上品茶清亮的茶汤

这种辨别茶叶好坏的能力，当然得从大量喝茶、不断比较的实践中慢慢体会获得。平时逛茶叶店，你不妨厚颜把同一类但不同价位茶叶都看看，甚至泡着试喝一下，“不怕不识货，就怕货比货”，多比较，慢慢自然就识茶了。

3.2 储茶

选到好茶，还要妥善保管才能保持茶的独特品质和纯正风味。茶是一种疏松多孔的物质，具有强烈的吸水及吸味能力，所以储藏茶叶一般要干燥、密封、隔绝异味，还要避光。

绿茶、黄茶以及发酵度低的清香乌龙，最好能于低温条件下储藏。买茶时，大家不妨让店家帮你分成小包装，真空密封。回去后可以储藏在没有异味的冰箱内（冷冻柜更好），喝完一包，拆封一包。拆开后要装在密封茶罐内，尽快喝完。冰箱里取出的茶叶，先不开封，在室温下放一两个小时，等茶叶和室温一样了，再擦干净外包装的冷凝水，开封，转入茶叶罐。平时取茶要注意随时关好茶叶罐盖子，以免吸潮、吸异味。

对于黑茶、白茶这些需要陈放转化的茶，储存条件更是对茶的后期品质有着重要影响。黑茶储藏需要适当的温度湿度，透气无异味，避光保存，白茶则必须密封保存，两者都不需要低温冷藏。

3.3 择水

明朝许次纾在《茶疏》中说“精茗蕴香，借水而发，无水不可与论茶”。明朝张大复在

《梅花草堂笔谈》中更是具体地提到："茶性必发于水，八分之茶，遇十分之水，茶亦十分矣；八分之水，试十分之茶，茶只八分耳。"从这些古人对茶与水的关系的描述中，可见水于茶之重要。可以说"水为茶之母"，好水才能孕育出好茶汤。

那么如何是好水呢？《茶经　五之煮》："其水，用山水上，江水中，井水下。其山水，拣乳泉石池漫流者上……其江水，取去人远者。井，取汲多者。"

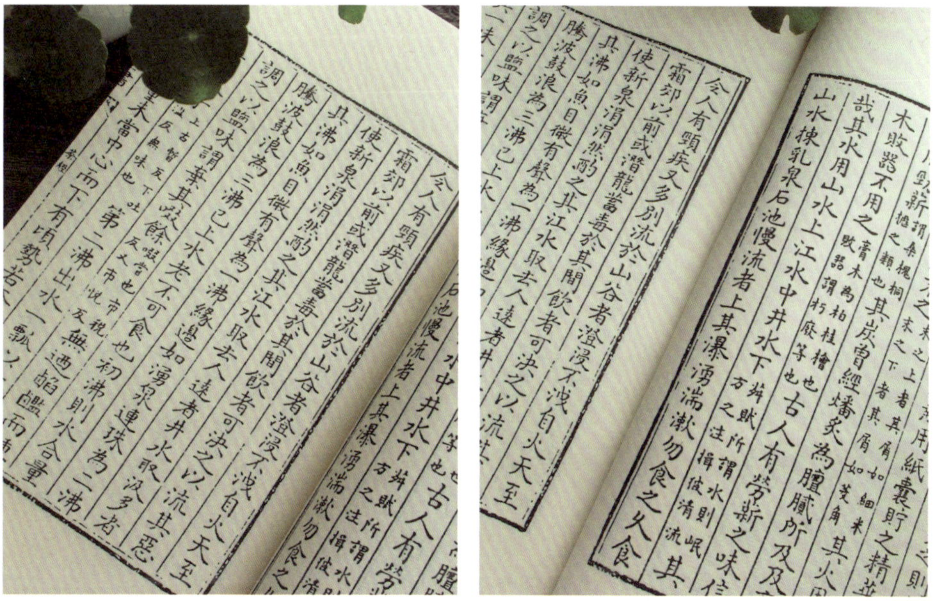

陆羽《茶经》对水的有关描述

古人主张用轻清之水煎茶，有条件时用泉水、江水，甚至用梅上雪、荷叶露、竹沥水、芭蕉雨。自古留传下来了许多有关品茗用水的佳话。唐朝宰相李德裕煎茶偏爱惠泉水而辟"名泉路"千里递水，宋代文豪苏东坡烹茶独钟金沙泉水，《红楼梦》中的妙玉收集梅花蕊上雪来煎茶，所谓"融雪煎香茗"。

无锡惠山二泉

历史上流传的王安石取水煎茶的故事今天听起来更是神乎其神。据说王安石老年患有痰火之症，虽服药，难以除根。太医院嘱饮阳羡茶，并须用长江瞿塘中峡水煎烹。因苏东坡是蜀地人，王安石曾相托于他："倘尊眷往来之便，将瞿塘中峡水攒一瓮寄与老夫，则老夫衰老之年，皆子瞻所延也。"不久，苏东坡亲自带水来见王安石。王安石即命人将水瓮抬进书房，亲以衣袖拂拭，纸封打开，又命僮儿用银铫汲水烹之。先取白瓷杯一只，投阳羡茶一撮于内。候汤如蟹眼，急取起倾入，其茶色半晌方见。王安石问："此水何处取来？"东坡答："巫峡。"王安石道："是中峡了。"东坡回："正是。"王安石笑道："又来欺老夫了！此乃下峡之水，如何假名中峡？"东坡大惊，只得据实以告。原来东坡因鉴赏秀丽的三峡风光，船至下峡时，才记起所托之事。当时水流湍急，回溯为难，只得汲一瓮下峡水充之。东坡说："三峡相连，一般样水，老太师何以辨之？"王安石道："读书人不可轻举妄动，须是细心察理……上峡水性太急，下峡太缓，中峡缓急相半。太医院官乃明医，知老夫中脘变症，得用中峡水作药引。此水烹阳羡茶，上峡味浓，下峡味淡，中峡浓淡之间。今茶色半晌方见，故知是下峡。"东坡离席谢罪。此事载《警世通言·王安石三难苏学士》，因是冯梦龙据古籍记载敷演成篇，当然不全是史实。自古名泉、好茶的佳配不少，比如"扬子江中水，蒙顶山上茶"，虎跑泉水龙井茶，顾渚紫笋金沙泉，都是绝配。当地茶叶当地水，往往相得益彰。

虎跑泉

老龙井（西溪提供图片）

竹炭、水罐、葫芦瓢

但今天的我们却不能再按照古代的选水标准来泡茶了，毕竟这么多年过去了，我们的老祖先何曾想到若干年后的今天，处处车水马龙、钢筋水泥。现代的环境污染使我们失去了许多古人富有审美情趣的择水条件，我们只能实用、科学地择水。今天城市人一般可以用市售的纯净蒸馏水、矿泉水来泡茶。自来水为暂时性硬水，最好放置一天后烧开三四分钟后再用。自来水在放置过程中，可以放一两块竹炭吸附杂质异味。

总之，泡茶之水要满足以下条件：

清：无色，透明，无杂质。

活：洁净，新鲜。陆羽《茶经》中说的“其江水，取去人远者。井，取汲多者”，也是这个道理。

轻：软水，钙镁离子少，张力大，宜发茶性。雨雪最轻，乾隆曾用银斗称量，京师玉泉最轻，仅次于雪水，所以他将其誉为天下第一。

甘：甘甜。

这样的水泡出的茶才香醇可口。

偶尔，如果我们远足到远离尘嚣的山间，碰到一泓清澈甘甜的山泉，不妨效仿古人，舀一瓢来煮茶。有时，寻觅好水的过程也会给我们增添不少乐趣。在泡茶之前，不妨先品尝一下白水，顺便也好清清口，让我们的味觉保持敏锐。

山间泉水

平时，当我们不得不用自来水泡茶时，还可以想些小小的方法来改善一下水质和水味，增加一点雅趣。比如煮水时往茶壶里扔几片洗干净的竹叶，或者在水面浮一张荷叶做盖，都会给水增添一些清香，用来泡香味不太浓烈的绿茶会给人特别的感觉。用一两块沉香碎木和水一起煮，水会变得柔和甘甜，还带有一丝若有若无的幽香，和红茶、熟普特别配搭。

3.4 备器

如果说“水为茶之母”，那么器就为“茶之父”了。对品茶用的茶具的选择，不仅要精制美观以增添雅趣，还应该能有利于茶叶的色、香、味的体现。

3.4.1 各种材质的茶具

1）紫砂茶具

各种材料的茶具中，首推紫砂陶器。紫砂茶具是用一种含铁、硅量高的陶土（紫色为主，还有绿色、土黄的泥）烧制成的，不挂釉，透气性强，由于烧制温度、调配方法不同，呈现紫、绿、红、黄等色。宋代开始有产，明代大盛，清代又进一步发展。盛产于江苏宜兴、浙江长兴。

各式紫砂壶

紫砂茶具不仅保温性能好，传热慢，冬可焐暖，夏不烫手，而且其质地最能体现茶味茶香，壶壁的微孔不但能过滤掉一点茶的苦涩味，让茶变得更醇和可口，而且用久了吸足了茶香，再泡茶时会释放这些物质，从而使茶味愈加香醇可口。经常泡茶的紫砂的外表会逐渐莹润，发出玉般的光泽，但不可故意用硬布或各种油类去抹它，否则会产生不自然的“死光”，所谓养壶也要“由内而外”。一把壶最好只泡一种茶，以免香味串杂。新壶可用热水煮洗几次再用茶水浸泡几次，让壶壁气孔张开，吐出土腥味，称为“开壶”。暂时不用的壶，需洗净晾干储藏。搁久不用的壶若有异味，也不能用清洁剂清洗，可以用开水多泡几回。每次用完，倒去茶叶，用清水洗净，外表水珠用干毛巾擦干晾干即可。

选用紫砂壶品茶以小为好，壶小“味不耽搁，香不涣散”。一般绿茶宜用大口低身壶，红茶、乌龙茶宜用小口高身壶，普洱可选用大腹，中等容积（200 毫升左右）的壶。

段泥石瓢中壶（适合绿茶、普洱）

紫砂壶可泡任何一种茶，均能较好地体现色香味，但不利观赏，有点“锦衣夜行”的味道，我们不妨用紫砂壶冲泡后，斟入素瓷小杯品饮，这样色香味就能兼顾了。

紫砂小壶（适合乌龙茶）

紫砂壶加素瓷小杯

2）瓷茶具

由于紫砂陶土原材料逐渐稀缺，泥优、工好的紫砂茶具越来越贵，也越来越难得，其实日常使用瓷质茶具也非常不错。瓷茶具既能较好地体现茶味茶香，又能观赏汤色茶形，而且容易清洗，非常实用。

瓷器用高岭土 1 200 ℃以上高温烧制，含铁量低于 3%，以江西景德镇出产的最为著名，选用时以内壁白色者为佳。独饮时用茶杯、盖碗，数人同饮可壶泡杯饮，既方便节约，同时通过共饮一壶茶也表达了不分彼此的情谊。

粉彩大口瓷茶壶，适合泡绿茶

青花盖碗

这里特别要推荐一下瓷盖碗，不仅可以独饮，还可以当作泡茶器皿，分杯和朋友共享，而它的盖、托、碗三部分在中国文化中分别象征着“天、地、人”。用盖碗泡茶，象征着人在天地之间，寓意“天人合一”的思想，可以说盖碗是最具中国文化特色的茶具，也是用处最大的茶具。盖碗应选取碗沿向外飘出，而不是从上到下全直身的款型，比较不容易烫手。

喝盖碗茶时要留出饮口

盖碗直接泡茶饮用时，左手连托端起盖碗，右手持盖刮动汤面后斜搁于碗沿，留出一条缝作为饮口，将饮口凑近嘴唇啜饮，而不是把盖完全打开再喝。

利用盖碗泡茶出汤时，也是盖子斜搁留出一条缝，食指按住盖钮，拇指和中指夹住碗沿，倾倒出茶水；也可以用拇指按住盖钮，其他四指按住碗底和碗身倾倒出茶水。后一种手法比较容易烫手，一般潮汕老茶客泡工夫茶时会采用。

两种持盖碗出汤的手法

建议初饮茶者可以首先备一个盖碗，再加几个品饮小杯，考究一点再添一个公道杯，那么基本可以应付所有种类的茶叶了。旧时民间常用的竹编、藤编食篮，正好可以装下这么一套茶具。选一个风和日丽的假期，约三五好友，找一处山清水秀、树木葱茏的幽静野外，喝茶聊天，“偷得浮生半日闲”，该是多么惬意啊。

食篮装盖碗茶具一套

3）玻璃茶具

玻璃茶具传热快，易烫手，也不及陶瓷茶器雅致，好茶之人常不喜选用，但用它冲泡高级细嫩的芽茶却颇有观赏价值。透过透明的杯壁，但见杯中轻雾飘渺，芽叶上下沉浮，兰花朵朵，茶汤清绿，茶香沸扬。夏天时泡冷茶也适合选用玻璃茶具，晶莹剔透，让人倍感凉爽。

玻璃杯冲泡的碧螺春

玻璃杯冲泡的白毫银针

4）其他茶具

至于其他材质，如金银茶具，虽说富贵逼人，但并不能很好地体现茶叶的色香味，而且容易烫嘴，也不符茶的清雅之性，不宜使用。玉石茶具的好处，见仁见智，不过也难得少见。

3.4.2 品茶的器具

品茶的主要器具除了常见的茶壶、饮杯、盖碗外，还有如下一些：

● **闻香杯** 细高身，陶瓷质，因为杯深口小，香气不容易散失，而且由于没有口唇沾染杯口，茶香格外纯正，用来嗅闻留存杯底的茶香非常合适，常用于乌龙茶汤的闻香。台式乌龙茶中，闻香杯常和品饮杯配套使用。

闻香杯组一套

茶汤转入品饮小杯后嗅闻闻香杯底茶香味

● **品饮杯** 各种材质的小杯，用壶和盖碗泡好的茶汤，倒入小杯品饮，一般为三小口的量，所谓“三口一个品”。其中以品饮浓浓的功夫茶的小杯最小，仅半个乒乓球大，而品饮清淡的绿茶的杯子可以适当大一点，会让人比较有满足感，品饮普洱茶的杯子不但要适当大一点，杯壁还要厚实古朴一点，可以衬托普洱的凝重和粗犷。茶杯的内壁最好是素瓷，能比较好地衬托茶汤的色泽。不同材质、款式、大小的杯子会对茶汤的滋味产生不同的影响，如果用不同杯子来尝试同一种茶汤，就会感觉出其中细微的差别。

不同品饮杯

竹编杯筒，方便携带和收纳小杯

● **茶盅（公道杯）** 陶瓷或玻璃质，泡好的茶先出汤注入此杯，既可以避免茶叶长时间浸泡在水中产生苦涩味，又可以使茶汤浓淡均匀，故又称公道杯。特别推崇玻璃的公道杯，可以透过杯壁欣赏清澈的茶汤，不管是一瓯春水般的绿茶，还是亮丽的红茶汤，都会让人赏心悦目，在品味前先满足了人们的审美天性。

各式公道杯

但多经一道公道杯，茶汤的温度和滋味多少会有改变，所以有些老茶客宁愿用“巡城”（即在几个杯子间游动、巡回斟茶）、“点兵”（最后的茶汤也游动点入各个茶杯）方式直接分茶。

公道杯在泡绿茶时，还可以作为泡茶前晾汤用，甚至可以直接作为泡茶器具。

公道杯晾汤

公道杯泡绿茶

● **茶杯托** 垫放小茶杯的托，各种材质。日常生活中许多信手拈来的东西都可以做茶杯托，比如旧时民间的糕饼模子，当中凹进去的部分正好无比妥帖地放上茶杯。

各种茶杯托

糕饼模子做杯托

● **泡茶盘** 又称茶海、茶池，泡茶时放置茶具时用，有各种材质。如果是石材陶瓷等硬质材料，为避免不小心磕坏壶杯，可以在盘上垫上竹帘、麻布或者丝瓜络。泡茶盘常分为两层，上层可以漏水，下层则是积水的盘子，很方便使用和清洗。

绿檀泡茶盘

紫砂泡茶盘及垫壶之丝瓜络

● **壶承** 垫在茶壶或盖碗下面较小的浅盆，可以在泡茶时承接少量茶水。用前面所说的泡茶盘来摆放茶具，尽管在泡茶时非常方便，可以直接将温杯洗茶的废水倾倒在盘上，但经常造成壶底杯底湿淋淋的，有碍观瞻，布置茶席也不容易美观，现在很多茶客弃泡茶盘不用，而改选壶承加水盂代替，所谓干泡。壶承可以是陶瓷、玻璃、锡、铜、铁、竹、木等各种材质做的浅盆、浅盘，也可以用砖石甚至砚台等来代替。

壶承

● **奉茶盘** 放置盛装茶汤的杯子给客人奉茶时用的托盘，一般以竹木等轻巧材质做成。奉茶盘可以使你端着茶和茶点时，避免被茶汤烫着手的狼狈，显得悠闲而从容。

长方形竹木奉茶盘

蕉叶形奉茶盘

● **水盂** 倾倒废水或茶渣等用的容器，还可以用来作为茶席花器。可以用书房中的笔洗、厨房中的大碗代替。

● **茶滤** 过滤茶渣，使茶汤清澈。初学者出汤时用茶滤很容易获得清澈的茶汤，老茶客们则会发现，当你的心足够静，手足够稳的时候，倒出的茶汤就会很少茶渣，真可谓“心有多静，茶有多清”。这时你不妨省略掉茶滤，毕竟茶汤多经过一道茶滤，温度、香气、滋味多少会有些变化。

各式水盂

各式茶滤

用茶滤出茶汤

● **茶荷** 素色浅碟，鉴赏干茶用。常用陶瓷制成，也可以剖开一节竹子，甚至截取一段大王椰的叶柄基部，简单打磨一下，自制茶荷。

● **茶道具组** 茶则、茶夹、茶漏、茶簪、茶拨常常一起装在一个筒里，方便使用，称为茶道具组。

● **茶则（匙）** 从茶罐中舀取茶叶用的器具。

自制竹茶荷

各式茶荷

茶道具组（自左至右：1. 茶漏、2. 茶簪、3. 茶拨、4. 茶则、5. 茶夹、6. 杯夹）

- **茶夹** 洗小杯时夹取杯子，或泡加料茶时夹取各种配料用。
- **茶漏** 投茶时置于壶口，使茶叶方便入壶。

茶夹夹取小杯洗杯

茶漏及使用方法

● **茶簪（茶针，茶通）** 通壶嘴用。

● **茶拨** 把茶叶从茶荷中拨到茶壶或盖碗中。

茶簪和茶拨可以合二为一：一头尖的做茶簪用，另一头做成宽扁形就可做茶拨用。

有时我们信手截取两段青竹枝，很容易就代替了茶夹和茶拨。

用茶拨拨茶入壶

用一根竹枝拨茶

用两根竹枝夹普洱茶块

● **杯夹** 可方便将小杯子放入茶托，避免手碰到杯口。

● **茶巾** 常用吸水性好的棉质毛巾做成，用来拭抹茶具，吸干壶杯身上的水，建议用深色材质，以避免茶渍污染后有碍观瞻。

● **小水缸或水桶** 用来贮存山泉水的陶瓷小缸或竹木水桶。如果你平时习惯用自来水泡茶，也不妨准备这样一个小缸，将自来水放置 1 ~ 2 天再用，缸里可以投放一段竹炭来吸附杂质和氯气味，再配一个葫芦瓢舀水，顿时增添不少雅趣。

茶巾与杯夹的用法

瓷罐储水、葫芦瓢

列举了这么多茶具，并不是说每次都须要面面俱到，才能泡茶。我们不妨做个有心人，在日常有条件的时候讲究一点，以增加雅趣；而条件不具备时，不妨“将就”一下。如果不管现实条件，过分追求茶具的精美齐全，得其形而轻其内涵，过分奢华，过于执着，均是有违茶道精神的。陆羽在《茶经》中，也写到过在野外喝茶时如何简化茶具。日本茶道宗师千里休，在晚年也提倡返璞归真，茶器信手拈来，粗陶饭碗都可用。他认为关键在于你对茶器要抱有一种恭敬的态度，最珍贵的茶器应该是倾注了使用过的人的情感的茶器。茶具在收藏家的手里和茶人的手里的价值并不完全一样。对茶人而言，利用茶具泡出尽可能美味让人感动的茶汤才是第一位的。所以能做到在现有的条件下，尽可能泡好一杯茶来款待客人，所谓“朴实无华亦文雅”，才是真正的茶人。

3.5 氛围

历代文人雅士除讲究好茶佳水精器外，还十分重视饮茶时的气氛环境。

清代著名书画家、诗人郑板桥，也喜好饮茶，很多画作都是在啜茗凝神之际构思、涂抹出来的。他曾在很多画跋中写到茶，例如：“茅屋一间，新篁数竿，雪白纸窗，微浸绿色。此时独坐其中，一盏雨前茶，一方端砚石，一张宣州纸，几笔折纸花，朋友来至，风声竹响，愈喧愈静……”“三间茅屋，十里春风，窗里幽兰，窗外修竹”，“闭柴扉，扫竹径，对芳兰，啜苦茗，时有微风细雨，润泽于疏篱仄径之间……”略略几笔，将饮茶的氛围渲染了出来，令人心旷神怡。下面两张古人品茶图表现的就是这种意境。

惠山茶会图（明 文徵明）

竹林品茶图（明 沈周）

日本茶道，也非常注重举行仪式的环境，茶室纤尘不染，陈设四时插花，庭院里树木葱郁，一石一水、一草一木的布置都非常有讲究，闲寂、幽雅、洁净。

日式茶室和茶庭（露地）

近年，许多茶人喜欢到野外品茶，他们认为“茶”字拆开来即是“人在草木间”，只有亲近大自然，亲近草木，才能品出茶的真味。

如果没有条件在自然花木间品茶，那么在茶室茶席上安置插花，也是可以增添一些品茶时的雅趣的。

草木间的茶

有山有水树木葱茏，品茶好去处

茶席用花和一般的插花还不太一样。一是要求姿态自然，野花野草皆可用，反对过分摆弄插作，要让花在器皿中也尽可能体现出植物生长的自然美，所谓“如花在野”；其次还要体现出季节感：春天的鲜花，夏天的绿叶，秋天的硕果，冬天的枯枝，都是可以配合四季茶席的。同时，选用的花最好不要太过艳丽，这和素雅的茶性不合；也不要太香，以免喧宾夺主冲撞了茶香；也不要带刺的，有违茶道中的“和”字。最后，插花还要符合茶席的雅题，比如和文人雅士聚会，梅兰竹菊四君子就是很好的花材；陪老人喝茶，松柏很适合；新年聚会，百合、柿子、灵芝摆出“百事如意”；橘子象征大吉大利，寓意都非常好！

秋日茶席用小白菊点缀

几段枯枝表现出冬日萧瑟的景象

夏日茶室放一盆荷花，清茗探荷

新年的茶席不妨多些浓艳色彩的花材

品茶氛围除清幽的环境外，还得有志趣相投的逸友。明代茶人张源在《茶录》中记云“饮茶以客少为贵，客众则喧，喧则雅趣全无”，并说“独啜曰神，二客曰胜，三四曰趣，五六曰泛，七八曰施”。品茶时也可有轻柔的音乐陪衬，江南丝竹、昆曲、笛声箫音、佛乐梵音，伴着缕缕清香、袅袅茶烟，更易使人进入一个超凡脱俗、淡泊恬然的境界。

茶室中的香具

3.6 冲泡技巧之泡茶三要素

要冲泡出一杯色香味俱佳的茶，除了选用高品质的茶叶及甘醇、清洁的水外，还必须掌握一定的冲泡技艺。这种技艺应既有科学性，能使茶的色香味得以最好的体现，同时也有一定的艺术性、可观赏性，给人以美的享受。

泡好一杯茶，要掌握三个要素：水温、投茶量、浸泡时间。

3.6.1 水温

一般来讲，不发酵或发酵轻的茶，芽叶幼嫩的茶，泡茶水温比较低，烧开的水需晾汤后再泡；发酵重、叶底粗老的茶，则需要温度高的水。比如嫩芽为主的高级绿茶、黄茶，水温在 75 ~ 85 ℃，粗老的绿茶可到 90 ℃，一般红茶可以用沸水，但高级芽茶 90 ℃即可。青茶、黑茶、老白茶可用 100 ℃水，甚至可以煮饮。

3.6.2 投茶量

投茶量不能一概而论，要根据饮茶者的习惯、喜好、品饮方式来决定。如果是用杯子直接泡饮茶，叶子一直浸泡在水里的含叶品饮法，投茶量要少，为水量的 1.5% ~ 2%，即 150 毫升的杯子，投茶 2 ~ 3 克足矣；如果是用盖碗或者壶冲泡并出汤，投茶量为容器体积的 1/4 ~ 1/3，乌龙茶最多可达 1/2。

3.6.3 浸泡时间

一般第一泡茶叶尚未舒展，时间可以略长，约半分钟，二、三泡 20 秒，后面如果茶汤变淡可适当增加浸泡时间。未加揉捻的白茶、黄茶不容易出味，进行调饮的红茶浓度要高点，可延长至 2 ~ 3 分钟。泡茶时间要根据水温与投茶量灵活掌握，一般水温高、投茶量大，浸泡时间短。比如乌龙工夫茶，投茶量大，基本上沸水冲入后马上要出汤，否则茶汤又苦又涩，而制作冷泡茶时，浸泡时间可达 2 小时以上，所谓“冷水泡茶慢慢浓”。

司茶者除了掌握好泡茶的技巧，比如水温、投茶量、出汤时间以外，更重要的是要用心、专心、静心去泡好这杯茶。茶具不一定要精致，环境不一定要奢华，动作不一定要优美。但任何时候都要抱着尽心尽力去泡好茶，款待别人的心态，要珍惜每一次和别人一起喝茶的机缘，珍惜每一杯来之不易的茶。司茶者通过冲泡过程中的一系列有节奏的、慎重的动作，不但能使自己获得平和、宁静的心境，而且也要能带动周围的人进入这种美好的境界，得到精神上的升华。从一杯茶中体现美好、和平，这就是茶之道。

附　泡茶小贴士

1）泡茶前的准备

穿上舒服不妨碍动作的衣服，过分紧身的衣服不合适，过分的宽袍大袖也不合适，因为容易带翻碰到茶具。不要戴手表、手链、戒指和长项链，以免碰到磕坏茶具。洗干净双手，修短指甲，不要抹有香气的护手霜和鲜艳的指甲油，不要喷洒浓烈的香水以免干扰茶香，女性的长发要挽起不要披散。

泡茶前，可以放上轻柔的音乐，笛声箫音、古筝古琴曲、评弹越剧都合适，静坐片刻或者坐下来慢慢整理茶具，叠好茶巾，让自己的心绪安静平复。

2）泡茶要否焚香

这个问题一直有争议，有人认为焚香会干扰茶香，不合适，有人则认为焚香可以帮助人平复情绪，容易进入“天人合一”的境界。窃以为双方都有理，最好是选择淡雅温和的香料，比如沉香，而低劣的化学合成的香，燃烧后会产生刺鼻且令人不愉快的感觉，还是不用为好。

焚香

3）什么茶要洗

“洗茶”这一概念出现于明代。《茶谱》（明 钱椿年）载“凡烹茶，先以热汤洗茶叶，去其尘垢、冷气，烹之则美”，也就是说通过“洗茶”达到“涤尘润茶”的目的。高级的芽茶，比如龙井、碧螺春、君山银针等，因为所用的原料都是刚萌发的芽头，非常洁净，制作中的高温又起到了杀菌消毒的作用，一般不用洗，但可以用少量热水润茶。而原料较粗老的茶叶，如乌龙茶、低档绿茶、红茶，还有普洱，则需要洗茶，尤其是陈年普洱茶，最好洗 2 ~ 3 遍。洗茶可以去除尘埃，同时也有唤醒茶香，浸润茶叶使其容易出味的作用，一些陈茶还可以去除“仓味”。

洗茶

散茶的洗茶动作不能太拖沓，冲水盖过茶叶，略摇晃即可倒出，浸泡时间太长会使茶味流失，而块状的紧压茶，可以静水浸润略久，让水进入茶块内部。也不要用洗茶水去冲洗已经温热清洁过的茶杯，毕竟里面有一些灰尘。

4）出汤的时间如何掌握

出汤太快色香味都不及浸出，茶味偏淡；出汤太慢，茶汤会变得苦涩难喝。如何掌握好出汤时间，对初学者的确有些困难，只有多实践才能掌握恰当。出汤时间和水温、投茶量有关，一般都掌握在 30 秒到 1 分钟，以后每一泡可以略微增加些时间。第一泡如果没有洗茶（浸润泡），时间应该和第二泡相同，甚至更长；第二泡是最容易出味的，不能泡得太久。白茶、黄茶中的某些种类由于没有揉捻，可以适当延长泡茶时间至 2 ~ 3 分钟，否则不易出味。

不管什么茶，都建议另外用一个杯子出汤，多人喝的话，公道杯非常实用，每次出汤都要滤尽茶汤，否则下一泡会有苦涩味，失却鲜香，长时间把茶叶浸在水里会使茶汤色香味俱失，所以传统的大杯泡茶续水的做法不科学。

公道杯熟普茶汤

3.7 泡茶步骤

任何一种茶的泡茶步骤基本都有如下几步。

1）涤器温杯

用开水将所有的壶、杯冲烫一遍，既为清洁又可温热壶杯，有利于促发茶香。

温洗壶杯

2）取茶

用茶匙或茶则迅速取出所需分量的茶叶，避免用手直接取茶，手上的烟味、脂粉味、油腻汗渍都会沾染茶叶。

3）品干茶

置茶于茶荷内，品赏干茶的色香味。

4）投茶

将茶荷内的茶叶投入杯、壶或盖碗。

青花盖碗与茶荷

投茶

5）润茶

先注入少量开水浸润茶叶，泡粗老绿茶或乌龙茶、普洱茶时，这第一遍茶水倒弃不喝，以做洗茶之用。如果是高级细嫩的芽茶，可以不洗茶。

泡绿茶时先倒少量水润茶

6）注水

连续上下三次，俗称“凤凰三点头”的手法既能使水上下翻腾容易出味出香，又表示对客人的欢迎，注水时要注意不能让水流中断。也有用逆时针旋转或者单边静静注水的方法，这样泡出的茶，香味不容易散失于空中，茶汤内涵会显得更丰富。

7）斟茶（分茶）

用壶或盖碗泡好茶后，可斟入小杯内饮用。中国人讲究“酒满茶浅”，一般斟茶只斟七分满，留得三分是人情。斟茶要低斟，也就是壶嘴凑近杯沿，一是为了防止茶汤降温太快，二是防止香味散失和起泡。出汤斟茶时，每一泡都要滤尽，否则残存的茶汤会把茶叶泡得又苦又涩，影响下一泡的色香味。

公道杯斟茶

直接分茶（用“巡城”“点兵”来回游动斟茶）

8）闻香品饮

闻香在润茶后或茶汤泡好后进行，由远而近，反复几次。嗅闻“汤前香，杯面香，杯底香”，再入口品味，三口一个“品”。茶汤入口，不要遽咽，而要如咀嚼一样，让茶汤在口腔内充分停留，慢慢品味。品得好茶，会让你齿颊留芳，回甘良久。

品茶的功夫需要慢慢培养练习，不是一蹴而就的。品茶有四个境界“香、清、甘、活”。初饮者很容易尝到茶表面的花香果味，进一步就会感觉到茶特有的清芬，再进阶者则会感觉到茶的回甘，而品茶最高境界“活”字则是可遇而不可求的，不但要求饮茶者有敏锐的感觉，还要好茶、好水、好器、好氛围来配合。

品茶

实训1 六大类茶之比较（形、色、香、味）及茶道具的认识

1. 实训目的

通过比较，初步认识六大类茶的干茶及茶汤的形、色、香、味，认识并初步了解各种茶道具的使用方法。

2. 实训材料

净水及各大类茶至少准备一种代表性茶叶，比如绿茶：龙井、碧螺春；黄茶：君山银针、霍山黄芽；白茶：白毫银针、白牡丹、寿眉；青茶：铁观音、大红袍、单丛、台湾乌龙；红茶：祁红、滇红，正山小种；黑茶：熟普、六堡茶、藏茶等。

3. 实训器具

● 盖碗、玻璃公道杯或玻璃壶、茶荷、品饮小杯、白瓷盘、随手泡、泡茶盘、水盂、茶夹、茶巾，用于不同种类茶叶的比较识别。

● 不同材质、不同款式、不同大小的茶壶、茶杯、茶托、煮水壶、炉子等茶道具，用于了解各种茶具的适用范围和使用方法。

4. 实训步骤

本实训可由教师用盖碗冲泡各类茶，出汤于玻璃公道杯或玻璃壶内，大家观汤色后，用小杯分茶汤闻香、品味比较。冲泡 3 ～ 5 次后，将叶底倒于白瓷盘上观察比较。

各大类茶由于加工工艺不同，在外观及色、香、味上均有不同，教师在冲泡时要尽可能体现出该大类茶的特点，学生在比较品饮和观察后，要做好记录，实训结束后以表格形式，归纳总结出各类茶的特点，作为实训报告。

● **绿茶** 干茶色绿，有黄绿、翠绿、墨绿等各种不同的绿，茶汤也有各种不同程度的绿色。气味清香，滋味鲜爽略有苦涩。

● **黄茶** 干茶金黄或黄中带绿，气味带甜美的薯香，滋味甘醇。

● **白茶** 新的白茶干茶芽头带白毛，叶子草绿色；陈年白茶干茶颜色渐渐转褐。茶汤新茶浅淡，随年份色泽渐转红变深。新白茶有鲜爽的青草香气，老白茶渐渐显出花香蜜味，滋味从鲜爽慢慢变甜。

绿、黄、白三类新芽茶比较相似，需仔细比较辨别。

● **青茶** 依据发酵轻重程度不同，干茶从绿黄到红褐，茶汤也从黄色到红褐色，香气浓郁幽远，常有花香果味。

● **红茶** 干茶红褐发乌，茶汤红艳红明，有各种糖香，滋味甘醇。

● **黑茶** 干茶黑褐，茶汤红褐至琥珀色，常有枣香、荷叶香、粽叶香、菌香等干货的陈香，味道甜柔，醇和。

5. 实训报告

通过品饮观察六大类茶的代表种类，完成下列表格。

六大类茶特点比较一览表

茶类	茶名	干茶形色	汤色	香气	滋味	备注

实训2　不同水对同款茶的茶汤色香味的影响比较

1. 实训目的

通过不同水质及不同方法处理过的水泡同款茶后，品味茶汤的色香味，选出比较理想或合口味的泡茶用水。

2. 实训器具

盖碗、玻璃公道杯或玻璃泡茶壶、茶荷、品饮小杯、不锈钢煮水壶、砂铫、玻璃煮水壶、铁壶、银壶（后两种煮水壶视条件选用）、电陶炉、泡茶盘、水盂、茶夹、茶巾、温度计。

3. 实训材料

绿茶、红茶各一款，自来水、当地市售常见的纯净水、矿泉水各三种，食用级竹炭、箬竹叶、干荷叶。

4. 实训步骤

泡茶水温，绿茶85℃，红茶100℃，可由教师示范泡茶方法后，学生4～5人分组进行。

①用同一款煮水壶，分别煮开自来水、三种矿泉水、三种纯净水，分别冲泡同一款绿茶和红茶，出汤于玻璃公道杯，观色、闻香、品味，做好记录，选出多数人认为最好的那款水。

②用同一款煮水壶，分别煮开自来水、自来水＋竹炭、自来水＋箬竹叶、自来水＋干荷叶，分别冲泡同一款绿茶和红茶，出汤于玻璃公道杯，观色、闻香、品味，做好记录，选出多数人认为最好的那款水。

③用不同材质的煮水壶如不锈钢壶、砂铫、玻璃壶（银壶、铁壶）煮同一款水，冲泡同一款绿茶和红茶，出汤于玻璃公道杯，观色、闻香、品味，做好记录。

通过以上实验，可让学生直观地认识到不同的水对同一款茶的色香味均有影响，而不同的煮水壶也会对水质以及冲泡出的茶汤产生影响。每款水或每一个水处理在泡茶前，必须先品饮该款清水，然后再结合冲泡后的茶汤，使学生能获得一份直观的经验，在以后的泡茶实践中，可凭品饮出的水来选择较好的泡茶用水。为了结果尽可能有说服力，所有泡茶的条件：投茶量（建议 3 ~ 5 克）、水温、水量、冲泡时间要统一，每一泡出汤时要沥尽茶汤，以免影响后一泡茶汤滋味。

5. 实训报告

用表格记录实训过程，每个同学根据自己的真实感觉，选出自己喜欢或者认为最合适的水或者处理过的水。

实训 3　基本泡茶法——碗泡杯饮法

1. 实训目的

学习盖碗泡茶的准确手法，初步感受水温、投茶量、泡茶时间之间的辩证关系。

2. 实训器具

盖碗、玻璃公道、茶荷、品饮小杯、煮水壶、电陶炉、泡茶盘、水盂、茶夹、茶巾、温度计。

3. 实训材料

绿茶（2 克 / 人）（或其他茶）一款、净水。

4. 实训步骤

可5人一组，在正式泡茶前，先跟着教师的示范，练习单手拿盖碗、翻盖子、烫洗盖碗、倒水等手势，掌握后开始正式冲泡。

（1）温杯洁具 先烫洗碗杯，借助茶针翻转盖子，冲水在盖子上，再翻转盖子，斜盖留出一条缝，摇晃几下，将水倒入公道杯，摇晃一下公道杯，将水倒入品饮杯。

（2）投茶 每人2克绿茶，置于茶荷；先观赏干茶的色香形，然后用茶拨投茶入碗；用少量水润茶半分钟，再冲水至离碗沿一厘米距离的高度；出汤于公道杯，滤尽茶汤；然后用公道杯分茶入品饮杯，品饮。同一组的5位同学，泡茶时可采取不同水温80℃、90℃、100℃，同一时间（半分钟）；同样80℃水温，可以采取不同浸泡时间：半分钟、1分钟、2分钟。大家互相品尝茶汤，讨论感受同一种投茶量在不同水温和浸泡时间下，对茶汤色香味的影响。

5. 思考题与实训报告

谈谈你用盖碗泡茶的心得体会，要注意哪些事项才能不烫手、顺利出汤而不带出茶渣。根据实验结果，你认为今天的茶叶在何种水温及浸泡时间下出汤，茶汤的色香味比较理想？

中篇
茶艺各论

④ 绿　茶

4.1　绿茶的特点与名品

绿茶是一种完全不发酵茶，干茶色绿油润，清香鲜爽，汤色碧绿清澈。名品有西湖龙井、洞庭碧螺春、庐山云雾、黄山毛峰、太平猴魁、信阳毛尖、安吉白茶等。

4.1.1　绿茶的特点

绿茶既有龙井、碧螺春这类芽叶幼细的芽茶，也有太平猴魁这样的大叶茶，还有叶白脉绿的安吉白茶，不管是哪一种绿茶，都以嫩、新为贵。好的绿茶往往只摘取茶芽（莲心）或一芽一叶（旗枪）以及一芽两叶（雀舌）初展。

清明前采摘的绿茶称为明前茶，清明至谷雨间采摘的称为雨前茶，过了谷雨采摘的绿茶质量就差了。所谓“烹煎黄金芽，不取谷雨后”。

莲心、旗枪、雀舌（叶底）自左至右

鲜嫩的茶芽

每年的清明前后，江南的绿茶产区春雨绵绵，茶树细嫩的芽叶竞相勃发，茶农们抓紧时机采茶炒茶，一时间，连空气中都弥漫着醉人的茶香，正可谓“入山无处不飞翠，新绿春香百里醉”。

江南春天的茶山

茶芽萌动

绿茶较多地保留了鲜叶内的天然物质，其中茶多酚、咖啡碱保留鲜叶的85%以上，叶绿素保留50%左右，维生素损失也较少，从而形成了绿茶“清汤绿叶，滋味鲜爽，收敛性强”的特点。最新科学研究结果表明，绿茶中保留的天然物质成分，对防衰老、防癌、抗癌、杀菌、消炎等均有特殊效果，为其他茶类所不及。目前，绿茶已被国际卫生组织推荐为首选健康饮料。但是，任何事物都是一分为二的，绿茶同时也是一种寒性较重的茶，尤其是新绿茶，身体比较虚弱的人喝多了反而有害，所以要根据自己的身体情况，适当饮用绿茶，才能既享了口福，又有利于身体健康。

4.1.2 绿茶的名品

绿茶的名品很多，浙江、江苏、安徽、四川等地都是绿茶的主要产区。

1）西湖龙井

绿茶名品中最著名的莫过于杭州西湖边产的龙井茶。

西湖龙井茶历史悠久，最早可追溯到唐代，陆羽《茶经》中就有杭州天竺、灵隐二寺产茶的记载。元代，爱茶人虞伯生

西湖龙井茶

始作《游龙井》饮茶诗，诗中曰："徘徊龙井上，云气起晴画。澄公爱客至，取水挹幽窦。坐我詹卜中，余香不闻嗅。但见瓢中清，翠影落碧岫。烹煎黄金芽，不取谷雨后，同来二三子，三咽不忍漱。"可见当时僧人居士看中龙井一带风光幽静，又有好泉好茶，故结伴前来饮茶赏景。到了明代，西湖龙井茶开始崭露头角，名声逐渐远播，开始走出寺院，为平常百姓所饮用。明嘉靖年间的《浙江匾志》记载："杭郡诸茶，总不及龙井之产，而雨前细芽，取其一旗一枪，尤为珍品，所产不多，宜其矜贵也。"万历年《钱塘县志》又记载"茶出龙井者，作豆花香，色清味甘，与他山异"。到了清代，西湖龙井茶更是闻名全国，乾隆皇帝六次下江南，四次来到西湖龙井茶区观看茶叶采制，品茶赋诗。狮峰山下胡公庙前的十八棵茶树还被封为"御茶"。从此，西湖龙井茶驰名中外，问茶者络绎不绝。可见，西湖龙井茶之名始于宋，闻于元，扬于明，盛于清。

龙井茶是一种扁炒青，外形扁平，芽头肥壮，色泽略黄俗称"糙米色"，香味浓郁，有豆香。龙井以其"色绿、香郁、味甘、形美"四绝的特点，成为中国绿茶之首，蜚声海内外。

传统上，龙井分为狮峰龙井、梅坞龙井、西湖龙井，这些传统意义上的龙井，的确是爱茶人心目中的上品，但最近几年价格也一路上扬。浙江龙井是浙江萧山、新昌等地引种的龙井茶树，并仿造龙井做法做出的绿茶中的后起之秀，叶色碧绿，清香扑鼻，价格相对较低。

2）洞庭碧螺春

洞庭碧螺春是另一大著名绿茶。碧螺春产于江苏苏州太湖的洞庭山（今苏州吴中区）。洞庭东西山是著名的茶、果间作区。茶树和桃、李、杏、梅、柿、橘、白果、石榴等果木交错种植，一行行青翠欲滴的茶蓬，像一道道绿色的屏风，一片片浓荫如伞的果树，蔽覆霜雪，掩映酷日。茶树、果树枝桠相连，根脉相通，茶吸果香，花窨茶味，陶冶着碧螺春花香果味的天然品质。正如明代《茶解》中所说："茶园不宜杂以恶木，唯桂、梅、辛夷、玉兰、玫瑰、苍松、翠竹之类与之间植，亦足以蔽覆霜雪，掩映秋阳。"碧螺春成品茶外形条索纤细，卷曲，茸毛遍布，白毫隐翠；泡成茶后，色嫩绿明亮，味道清香浓郁，饮后有回甜之感。人们赞道"铜丝

洞庭碧螺春

条，螺旋形，浑身毛，花香果味，鲜爽生津”，是我国的十大名茶之一。据《苏州府志》载：“洞庭东山碧螺石壁，产野茶几株，每岁土人持筐采归，未见其异。康熙某年，按候采者，如故，而叶较多，因置怀中，茶得体温，异香突发。采茶者争呼：吓煞人香！茶遂以此得名。”后康熙南巡至苏州，觉得此名不雅，特赐名“碧螺春”。

上好的碧螺春比龙井更加幼嫩，加工 1 千克特级碧螺春需要 7 ~ 8 万个茶芽。

3）安吉白茶

最近几年，浙江安吉产的安吉白茶成为绿茶中的后起之秀，大受欢迎。安吉白茶虽名为白茶，其实是一种叶子泛白的变种茶树做成的绿茶。这种茶树春季发出的嫩叶发白，仅主脉呈微绿色，在暮春时变为白绿相间的花叶，至夏才呈全绿色。安吉最早于 1930 年在孝丰镇的马铃冈发现野生白茶树数十棵，“枝头所抽之嫩叶色白如玉，焙后微黄，为当地金光寺庙产”（《县志》），后不知所终。1982 年，在天荒坪镇大溪村横坑坞 800 米的高山上又发现一株百年以上白茶树，嫩叶纯白，很少结籽，现在一般以插穗无性繁殖。

安吉白茶嫩芽

安吉白茶

安吉白茶所生长的环境群山起伏，树竹交荫，云雾缭绕，雨量充沛，气候温和，土壤肥沃。如此良好的生态环境，为茶叶香郁味鲜的品质奠定了基础，经测定，安吉白茶中氨基酸的含量要比一般的绿茶高出一倍，所以滋味格外鲜爽甘醇。

一般说来，绿茶以外形细小幼嫩的芽茶等级为高，但有些茶比较特别，比如安徽的六安瓜片，只取芽下面全展开的幼叶制成，太平猴魁则取自柿大叶品种茶树，即使幼芽也是形姿粗大。

六安瓜片

大叶型太平猴魁

4.2 绿茶的品饮

绿茶冲泡和品饮，水温是关键。芽叶越嫩，泡茶用水温越低，一般碧螺春在 75 ℃左右，龙井在 80 ~ 85 ℃，粗老的绿茶不超过 90 ℃，而日本的蒸青玉露茶泡茶的水温可低至 45 ℃左右，所以煮开的水必须要晾汤，公道杯在泡饮绿茶时既可作出汤用，又可做泡茶前晾水用。如果用矿泉水，可以直接煮到所需温度（现在的电煮水器有温度显示和控制）。

很多人习惯用玻璃杯直接泡饮幼嫩的绿茶，为的是透过杯壁可以观赏芽叶形态，殊不知一杯茶泡好后，等到冷却到可以入口的时候，细嫩的芽叶在热水中浸浴过久，往往已经有不同程度的焖熟，错过了最鲜醇的品味时机，所以，要想品得绿茶最鲜爽甘醇的滋味，还是要及时出汤。我们可以用宽口扁平的紫砂壶或者盖碗来冲泡。如果特别想观赏芽叶姿态，也可以用玻璃的壶、盖碗甚至公道杯来冲泡，冲泡后 30 秒至 1 分钟（视水温和投茶量而异），出

宽口扁平紫砂壶也可泡绿茶

汤入公道杯，再分入小杯即可品饮。每一泡出汤都要倒尽，这样可以避免茶叶长时间浸在水里产生的苦涩味，让每一泡茶汤都鲜爽甘醇。泡绿茶有一个步骤很重要，那就是先用少量热水润茶，这样既能充分浸润茶叶，使茶汤出味出色，又能在即使水温过高的情况下也不至于焖熟茶芽。冲泡时紫砂壶或盖碗的盖子都不用盖紧。

先倒少量热水润茶

壶盖不要盖紧以免焖黄茶芽

1）玻璃盖碗冲泡品饮龙井

用盖碗冲泡绿茶，可以直接就盖碗品饮，先用少量水（约 90 ℃）润茶半分钟，期间可盖好盖子摇香，并用碗盖闻香。等茶叶在少量水中舒展出香，出色，再用较低温的水（约 75 ℃），冲水至离碗沿 1 厘米距离的高度，开盖候茶汤降至适口温度，用盖子刮动汤面，挡住茶叶，留出细细一道饮口，品味。龙井茶有浓郁的栗香，俗称“豆花香”，饮一口，淡雅甘醇。但最好还是以盖碗冲泡后用公道杯出汤，分入小杯品饮。

碧螺春的品饮可以用玻璃杯上投法，即先注水入杯，晾到 70 ~ 75 ℃，手摸杯子微微烫就可以了。再将茶叶轻轻投入水中，茶慢慢飘舞到杯底，在水底绽开，有“春染海底”之誉。用上投法泡碧螺春，不容易激起茶芽上的茸毛，茶汤较清澈，此泡法极具观赏价值，但从品饮角度，还是推荐用盖碗冲泡并出汤的泡法为宜。

1. 备具

2. 温洗盖碗

3. 温洗公道杯

4. 温洗品饮杯

5. 晾汤

6. 置茶

7. 投茶

8. 润茶

9. 倒去温杯水

10. 正泡

11. 候汤，不能盖紧

12. 出汤

13. 茶汤

14. 分茶

15. 奉茶

16. 品茶

2）碧螺春的玻璃杯上投法

碧螺春汤色浅碧新嫩，香气清雅，饮之齿颊留芳。头酌色淡、幽香、鲜雅；二酌翠绿、芬芳、味醇；三酌碧清、香郁、回甘。“清而且纯”，形容碧螺春真是恰到好处！

1. 备具

2. 温杯

3. 洁杯

4. 注水

5. 晾汤

6. 置茶

7. 赏茶（碧螺春在茶荷上）

8. 投茶

9. 候汤，欣赏茶舞

10. 泡好的茶汤

绿茶除了可以用玻璃杯盖碗紫砂壶来冲泡，还可以用大碗来冲泡，用茶勺来分茶，犹如我们平时喝汤一样。敞口的碗泡法既能避免水温过高烫熟茶芽，又给人一种别样的趣味。

3）碗泡法冲泡绿茶

1. 备具

2. 温洗碗

3. 倒去温碗水

4. 温洗杯子

5. 投茶

6. 润茶

7. 浸润

8. 正泡

9. 倒去温杯水

10. 茶勺舀茶汤

11. 分茶入杯

12. 闻香观色赏姿品味

实训4 玻璃杯上投法品饮碧螺春、盖碗品饮龙井

1. 实训目的

学习玻璃杯上投法品饮碧螺春以及盖碗泡饮龙井的方法，了解绿茶泡饮的要点。

2. 实训器具

直身玻璃杯、盖碗、茶荷、煮水壶、电陶炉、泡茶盘、水盂、茶夹、茶巾、温度计等。

3. 实训材料

碧螺春和龙井茶各2克/人、瓶装水。

4. 实训步骤

可2人一组，先跟着教师的示范，了解泡茶的过程，再动手自行练习，品尝茶汤，琢磨如何能获得色香味俱佳的茶汤。

1）玻璃杯冲泡碧螺春

（1）温杯洁具 倒少量开水入玻璃杯，滚动杯身烫洗。

（2）晾汤 玻璃杯中倒水七分满，晾至70℃。可用温度计量定温度后，再用手触摸杯壁，牢记感受，以便以后能在无温度计情况下确定泡茶水温。

（3）投茶 在晾汤等候时，可细致观察及鉴赏茶荷中碧螺春干茶的外形、色泽和香气，等水温合适后，用茶拨从茶荷中慢慢将茶叶拨入杯中，观察卷曲的茶叶在水中，渐渐下沉并舒展。

（4）闻香品味 等茶叶沉入杯底，芽叶舒展，茶汤呈现淡绿色，水温凉到适合入口，就可以品味了。先端杯闻香，碧螺春有幽雅的花香果味，尝一口，淡雅清新，甘醇可口。

2）盖碗品饮龙井

每人2克龙井，置于茶荷，先观赏干茶的色香形。龙井外形光滑扁平，黄绿色。先用开水温洗盖碗，然后用茶拨投茶入碗，先用少量水（约90℃）润茶半分钟，期间可盖好盖子摇香，并用碗盖闻香。等茶叶在少量水中舒展出香，出色，再用较低温的水（约75℃），冲水至离碗沿1厘米距离的高度，开盖候茶汤降至适口温度，用盖子刮动汤面，挡住茶叶，留出细细一道饮口，品味。龙井茶有浓郁的栗香，俗称豆花香，饮一口，淡雅甘醇。

5. 思考题与实训报告

（1）上投法适合哪类茶？碧螺春用上投法有什么好处？

（2）绿茶冲泡时，用较高的水温润茶有什么作用？

实训5 绿茶的冷泡法和碗泡法

1. 实训目的

了解和学习非主流的泡茶方法——绿茶冷泡法和碗泡法。

2. 实训器具

500毫升瓶装矿泉水、中等大小的玻璃碗或瓷碗、分茶勺、品饮杯、煮水壶、电陶炉、茶荷、茶拨、水盂、茶巾、茶盘、冰箱。

3. 实训材料

安吉白茶（也可选用碧螺春、黄山毛峰等绿茶）、矿泉水。

4. 实训步骤

1）冷泡绿茶

直接取500毫升瓶装矿泉水，用茶拨将茶荷中2克绿茶拨入瓶中，盖紧，放入冰箱，等课程后期，约2小时后，取出品饮，感觉冷泡茶的幽香清甜无苦涩。

2）碗泡绿茶

取泡茶碗，倒入少量沸水，依次温洗茶碗及分茶勺和饮杯，温杯水浸润在饮杯内暂时不倒。把2克冷泡同款绿茶用茶拨投入碗中，将已晾至约85℃的矿泉水，沿着分茶勺背注入少许进行润茶，水量盖过绿茶即可；候茶叶舒展，茶汤变绿色（此过程约30秒），再注水入碗至七分满；倒去饮杯中的温杯水，用分茶勺舀取茶汤入饮杯至七分满；闻香观色赏姿品茶味。

5. 思考题与实训报告

（1）比较冷泡绿茶和热泡同款绿茶之间，茶汤在色香味上的差异。

（2）碗泡绿茶有什么优点？碗泡法适用于哪些茶？

❺ 黄　茶

5.1　黄茶的特点与名品

5.1.1　黄茶的特点

黄茶最初据说是在炒制绿茶过程中，干燥不足或不及时而导致芽叶黄变所产生的新品种。黄茶，按其鲜叶的嫩度和芽叶大小，分为黄芽茶、黄小茶和黄大茶三类。黄芽茶主要有君山银针、蒙顶黄芽和霍山黄芽；黄小芽主要有北港毛尖、沩山毛尖、远安鹿苑茶、皖西黄小茶、浙江平阳黄汤等；黄大茶有安徽霍山、金寨、六安、岳西和湖北英山所产的黄茶以及广东大叶青等。

在制作过程中，黄茶比绿茶多了一道工序——焖黄，属于轻发酵茶。因为这道工序，使得黄茶比绿茶少了些些苦涩刺激而多了些些甘醇温和，对脾胃虚弱的人来说更为合适。红楼梦中的贾母颇懂养生之道，她不喝当时很流行的六安瓜片（绿茶），而喜欢老君眉，这老君眉就是著名黄茶君山银针的前身。

5.1.2　黄茶的名品

1）君山银针

“淡扫明湖开玉镜，丹青画出是君山。”（李白）“遥望洞庭山水翠，白银盘里一青螺。”（刘禹锡）这是唐代两位大诗人对洞庭君山的抒情诗章。“玉镜嵌君山，银盘托青螺”确是壮景奇观。君山和君山名茶，历来结下不解之缘。清代万年谆有诗云：“试把雀泉烹雀舌，烹来长似君山色。”君山为湖南省洞庭湖中一个小岛，位于岳阳城西 15 千米处。岛上土壤肥沃，多砂质壤土，年平均温度 16 ~ 17 ℃，年平均降水量 1 340 毫米。3—9 月相对湿度约 80%，春夏季湖水蒸发，云雾弥漫，岛上竹木丛生，生态环境适宜种茶。

君山银针采摘开始于清明前三天左右，直接从茶树上拣采芽头。为防止擦伤芽头和茸毛，盛茶篮内衬有白布。芽头要求长 25 ~ 30 毫米，宽 3 ~ 4 毫米，芽蒂长约 2 毫米，肥硕重实，一芽头包含三四个已分化却未展开的叶片。雨天不采、露水芽不采、紫色芽不采、空心芽不采、开口芽不采、冻伤芽不采、虫伤芽不采、瘦弱芽不采、过长过短芽不采，即所谓君山银针的“九不采”。君山银针制造特别精细而又别具一格，分杀青、摊凉、初烘、初包、复烘、摊凉、复包、足火八道工序。历时三昼夜，长达 70 多小时。

君山银针属芽茶，因茶树品种优良，树壮枝稀，芽头肥壮重实，每斤银针茶约 2.5 万个芽头。君山银针风格独特，岁产不多，质量超群，为我国名优茶之佼佼者。其芽头肥壮，紧实挺直，芽身金黄，满披银毫，汤色橙黄明净，香气清纯，滋味甜爽，叶底嫩黄匀亮。根据芽头肥壮程度，君山银针产品分特号、一号、二号三个档次。于 1956 年国际莱比锡博览会上，因其质量优良，被誉为“金镶玉”，并赢得金质奖章，其售价也创我国当今名优茶之最。

君山银针

2）霍山黄芽

霍山黄芽也是黄茶中的名品，霍山属于大别山脉，旧时属淮南道寿州。这里气候温和，云雾缭绕，雨水充沛，极适合茶树生长，自古就盛产好茶。霍山黄芽源于唐朝之前，《史记》称：“寿春之山有黄芽焉，可煮而饮，久服得仙。六霍旧寿春故也。一曰仙芽，又称寿州霍山黄芽。六安州小岘春，皆茶之极品，明朝始入贡。”可见霍山黄芽盛名已久，只是它曾一度失传，1971 年才被重新挖掘、研制恢复生产，产量不高，知者也不广。霍山黄芽采嫩芽制成，形似雀舌，干茶黄绿色，叶底嫩黄明亮，一般不熟悉茶的人往往将其误以为绿茶。

霍山黄芽

安徽还有一种杆长叶大的黄大茶，干茶褐黄色，茶汤棕黄，滋味甘醇，具有浓郁的老火香，俗称“锅巴香”。

黄大茶

5.2 黄茶的品饮

黄茶的冲泡可以仿照绿茶，用玻璃杯或盖碗，因为其不怕焖黄，水温略高点也无妨，可在 90 ℃左右。有些没经过揉捻的黄茶，冲泡时间可以略长至 3 ～ 5 分钟。

黄茶中的极品君山银针，一般用洁净透明的玻璃杯冲泡以增加观赏性。冲泡君山银针时，可以看到初始芽尖朝上、蒂头下垂而悬浮于水面，随后缓缓降落，竖立于杯底，忽升忽降，蔚成趣观，最多可达三次，故君山银针有“三起三落”之称。最后竖沉于杯底，如刀枪林立，似群笋破土，芽光水色，浑然一体，堆绿叠翠，妙趣横生，历来传为美谈。且不说品

君山银针茶汤

盖碗冲泡霍山黄芽茶

尝其香味以饱口福，只消亲眼观赏一番，也足以引人入胜，神清气爽。根据“轻者浮，重者沉”的科学道理，“三起三落”是由于茶芽吸水膨胀和重量增加不同步，芽头比重瞬间变化而引起的。可以设想，最外一层芽肉吸水，比重增大即下降，随后芽头体积膨大，比重变小则上升，继续吸水又下降……如果亲身考察一下君山银针冲泡的情景，能起落的芽头为数并不太多，且一个芽头落而复起三次更属罕见。这种现象在其他芽头肥壮的芽茶中也偶尔可见，但都不及君山银针频繁。可见君山银针的芽头肥壮程度是出类拔萃的，这也是它品质上的一大特点。

其他黄芽茶可采取盖碗冲泡。霍山黄芽冲泡后，隐约有兰花幽香，茶汤滋味虽不及绿茶鲜爽，但醇和、回甘好。叶大粗老的黄大茶，则可以用壶泡杯饮法，水温也可在 95 ℃上下，不见其粗相，只品其甘醇的滋味，不失为粗茶细饮。

黄大茶汤

实训 6　玻璃杯品饮君山银针、盖碗品饮霍山（莫干、蒙顶）黄芽

1. 实训目的

了解掌握黄茶的品饮方法和品质特点。

2. 实训器具

直身透明玻璃杯（1 个 / 人）、盖碗、公道杯、品饮杯（1 个 / 人）、煮水壶、电陶炉、茶荷、茶拨、水盂、茶巾、茶盘（未注明者均为每组 1 个）。

3. 实训材料

矿泉水、君山银针、霍山（莫干、蒙顶）黄芽（3 克）。

4. 实训步骤

1）君山银针玻璃杯泡饮

①赏干茶；②洁具：沸水滚杯法清洁玻璃杯；③投茶 2 ～ 3 克君山银针投入杯中；④润

茶：少量 85℃水浸润茶叶约半分钟；⑤凤凰三点头手法将水冲至玻璃杯七分满；⑥观赏金黄色芽叶渐渐舒展，从直立于水面下，到慢慢下沉直立至杯底，汤色渐显淡黄，薯香出现；⑦尝一口，甘醇生津，饮至剩 1/3 杯时可续水。

2）盖碗冲泡霍山黄芽

①每人 2 克黄芽，置于茶荷，先观赏干茶的色香形，霍山黄芽呈黄绿色，形似雀舌。

②先用开水温洗盖碗，然后用茶拨投茶入碗，先用少量水（约 90℃）润茶半分钟，期间可盖好盖子摇香，并用碗盖闻香，隐约有兰花幽香。

③等茶叶在少量水中舒展出香，出色，再用较低温的水（约 85℃），冲水至离碗沿 1 厘米距离的高度，用盖子刮动汤面，挡住茶叶，留出细细一道饮口，用食指按住盖钮，拇指中指夹住碗边，出汤入公道杯。

④再分茶入品饮杯，用三龙护鼎（即食指拇指夹碗沿，中指抵碗底）手法，端起品饮杯至鼻端闻香，黄芽有淡雅的兰花香，观色茶汤显示黄绿色，啜饮一口，品味，淡雅甘醇。

5. 实训报告

比较黄茶与绿茶的不同点。

❻ 白　茶

6.1　白茶的特点与名品

6.1.1　白茶的特点

白茶属轻微发酵茶，是中国茶类中的特殊珍品。因为白茶成品中的芽头，满披白毫，如银似雪，传统白茶制作过程不揉不炒，汤色浅淡，故名白茶。和绿茶中的白化品种制作的安吉白茶不能混为一谈。

白茶主要产区在福建福鼎、政和、松溪、建阳等地。茶树品种可分为大白、小白、水仙白、白银等，尤以政和出产的白毫银针为白茶中之极品。

白茶的制作工艺，一般分为萎凋、干燥两道工序，而其关键在于萎凋，即让茶叶摊晾，走水一部分，其间，茶叶发生轻微发酵，并产生香气。萎凋分为室内萎凋和室外萎凋两种，要根据气候灵活掌握，以春秋晴天或夏季不闷热的晴朗天气，采取室内萎凋或复式萎凋为佳。其精制工艺是在剔除梗、片、蜡叶、红张、暗张之后，以文火进行烘焙至足干，只宜以火香衬托茶香，待水分含量为4% ~ 5%时，趁热装箱。

白茶的制法既不破坏酶的活性，又不促进氧化作用，所以能保持毫香显现，汤味鲜爽，有蜜香；而且，因为不揉不炒，白茶往往能保持茶叶的原形，只取芽头制作的银针外形特别美观。

现代白茶类的创制始于白毫银针，明代田艺蘅《煮泉小品》中称“茶者以火作为次，生晒者为上，亦更近自然，且断烟火气耳”，如果说这是关于古代白茶的记述，则现代白茶堪称是古老而又年轻之茶品。

6.1.2　白茶的品种

白茶的品种一般分为白毫银针、白牡丹、寿眉三种。

1）白毫银针

芽头肥壮遍披白色茸毛，色白如银，银光闪闪，状似针而得名。该茶有天然青草香味，清新而鲜爽，汤色浅黄而甜醇，系采用大白茶种抽芽精制而成。其冷性强，有健胃提神、祛湿退热、“降肺火”之功效，因而产地群众常用之为治热症之便药。产地为福建福鼎、政和。清嘉庆初年（1796 年），福鼎用菜茶的壮芽为原料，创制白毫银针。约在 1857 年，福鼎大白茶品种茶树在福鼎县（现福鼎市）选育繁殖成功，于是 1885 年起改用福鼎大白茶品种茶树的壮芽为原料。菜茶因茶芽细小，已不再采用。政和县 1880 年选育繁殖政和大白茶品种茶树，1889 年开始产制银针。现今白毫银针的茶芽均采自福鼎大白茶或政和大白茶良种茶树。大白茶树茶芽肥壮，长大数倍于菜茶茶芽，宋代沈括在《梦溪笔谈》中称南方茶树“今茶之美者，其质素良而所植之土又美，则新芽一发便长寸余”。福鼎大白茶为迟芽种，茶芽肥壮，多酚类、水浸出物含量高，成品味鲜、香清、汤厚。大白茶良种茶树原料是制造银针白毫必要的物质基础。白毫银针原料采摘标准为春茶嫩梢萌发一芽一叶时即将其采下，然后用手指将真叶、鱼叶轻轻地予以剥离。剥出的茶芽均匀地薄摊于水筛上（一种竹筛），勿使重叠，置微弱日光下或通风荫处，晒晾至八九成干，此过程称为萎雕，期间茶叶会失水呈现萎蔫，散发香气。再用焙笼以 30 ~ 40 ℃文火焙至足干即成。也有用烈日代替焙笼晒至全干的，称为毛针。毛针经筛取肥长茶芽，再用手工摘去梗子（俗称银针脚），并筛簸拣除叶片、碎片、杂质等，最后再用文火焙干，趁热装箱。福鼎所产茶芽茸毛厚，色白富光泽，汤色浅杏黄，味清鲜爽口。政和所产，汤味醇厚，香气清芬。白毫银针早在 1891 年就开始外销，为不可多得的珍品。在欧洲有的在泡饮红茶时，于杯中添加若干银针，以示名贵。银针性寒凉，有退热祛暑解毒之功，传统上被视为治疗养护麻疹患者的良药。1982 年被商业部茶畜局评为全国名茶，在 30 种名茶中名列第二。

白毫银针

2）白牡丹

一般是一芽两叶，以绿叶夹银色白毫芽头，形似花朵，冲泡之后绿叶托着嫩芽，宛若蓓蕾初开，故名白牡丹。白牡丹在 1922 年前创制于建阳水吉，1922 年政和开始产制白牡丹，成为白牡丹主产区。20 世纪 60 年代初，松溪县曾一度盛产。现在白牡丹产区分布在政和、建阳、松溪、福鼎等地。制造白牡丹的原料主要为政和大白茶和福鼎大白茶良种茶树芽叶，有时采用少量水仙品种茶树芽叶供拼和之用。制成的毛茶分别称为政和大白（茶）、福鼎大白（茶）和水仙白（茶）。用于制造白牡丹的原料要求白毫显，芽叶肥嫩。传统采摘标准是春茶第一轮嫩梢采下一芽二叶，芽与二叶的长度基本相等，并要求“三白”，即芽及二叶满披白色茸毛。白牡丹两叶抱一芽，叶态自然，色泽深灰绿或暗青苔色，叶张肥嫩，呈波纹隆起，叶背遍布洁白茸毛，叶缘向叶背微卷，芽叶连枝。汤色杏黄或橙黄，叶底浅灰，叶脉微红，汤味鲜醇。高等级的白牡丹也称为牡丹王。

白牡丹

牡丹王

3）寿眉

上品者称作宫眉，乃以菜茶有性群体茶树芽叶制成的白茶。用菜茶芽叶制成的毛茶称为“小白”，以区别于福鼎大白茶、政和大白茶茶树芽叶制成的“大白”毛茶。近年出口的一般只称贡眉，而不再有寿眉。寿眉主产区在福建建阳市，建瓯、浦城等县也有生产，产量占白茶总产量一半以上。 制造贡眉原料采摘标准为一芽二叶至一芽二、三叶。要求含有嫩芽、壮芽。初精制工艺与白牡丹基本相同。优质贡盾毫心显而多，色泽翠绿，汤色橙黄或深黄，叶底匀整、柔软、鲜亮，叶张主脉迎光透视呈红色，味醇爽，香鲜纯。贡眉主销香港、澳门地区。

寿眉

贡眉

4）新工艺白茶

新工艺白茶

简称新白茶，乃福建为适应香港地区消费需要于1968年开发的新产品。1969年正式生产1 000余担（1担=100斤），1979年生产1 500担，此后年产约在2 000担。制造新工艺白茶的鲜叶原料同贡眉，来自小叶种茶树，原料嫩度要求相对较低。初制工艺，在萎凋后经过轻度揉捻。外形叶张略有缩摺呈半卷条形，色泽暗绿带褐，香清味浓，汤色橙红，叶底开展，色泽青灰带黄，筋脉带红，茶汤味似绿茶但清香淡，似红茶而无酵感，浓醇清甘是其特色。因其条形较贡眉紧卷，汤味较浓，汤色较深，而受到消费者的欢迎。

白茶富含茶多酚，人体所需的多种氨基酸、矿物质、微量元素、蛋白质等，对亚硝胺有强烈的抗变作用，同时具有防高血压、脂肪肝等功能，是人类理想的茶叶饮品之一。美国医疗研究机构的最新研究表明，“白茶是新的抗癌物质”，他们在白鼠身上经过多次试验证明，白茶中抗癌功效最好的产品是新白茶，尤其在抗肝癌方面的作用，白茶高于任何茶类。

传统白茶为散茶，大约在2006年以后，白茶也开始压成饼状，便于存放和运输。

白茶一般以喝陈年茶为多，尤其是作为药用，有“一年茶，三年药，七年宝”的说法。

传统白牡丹散茶

白牡丹茶饼

白茶在贮藏过程中由于水分、温度、阳光等因素，在汤色、滋味、香气等方面发生改变。白茶的汤色会由浅淡的杏黄转变为深浓的棕红，香气会由鲜香转变为陈香、蜜香，日晒香气会减少甚至消失。陈年白茶以其“越陈越香”的独特品质赢得了茶中“能喝的古董”的美誉，这也成为老茶市场上衡量陈化白茶价格的重要因素。合适的储存条件下，白茶在陈化过程中会产生枣香、兰香、陈香和木香等香气，浸出物包括黄酮、茶多酚、可溶性糖、氨基酸、咖啡碱以及水溶性果胶等，使得茶汤口感变甜，滋味变浓。茶中含有大量的多酚类物质，它是多种化合物的总称，其主体为儿茶素。儿茶素无色，滋味苦涩且有较强的刺激性，在贮存过程中易发生自动氧化，使茶汤颜色由浅逐步变深。咖啡碱在茶的贮藏过程中也随着时间变长而减少，所以老白茶比新白茶少了鲜爽刺激，多了温和甘醇，香气也更浓厚。老白茶有清火退烧的功能，甘甜有药香，感冒、嗓子发炎、咳嗽用老白茶加冰糖煮服有效。有关研究数据表明，老白茶所含有的老白茶酮对流行性感冒病毒有一定抵抗作用。

白茶存放和黑茶等不同，需要密封，只有在密闭良好的条件下保存，才能不失香走味。

老白茶（寿眉）

老白茶汤

6.2 白茶的品饮

一般白茶可以用紫砂壶、盖碗冲泡后出汤品饮，因为白茶芽叶布满茸毛，制作过程中没加揉捻，不易出色出味，故可用沸水冲泡，浸泡时间要比一般的茶叶略长，1 ~ 2分钟为宜。纯芽头的白毫银针可以用玻璃杯泡饮以增加观赏性，水温可以略低。老白茶还可以煮饮、保温壶焖泡，会更加香浓味甘，不过投茶量要减少约一半。出门在外，用保温壶焖泡一壶老白茶是非常好的饮料，既解渴又清火提神。

白毫银针玻璃杯泡饮

紫砂壶泡饮白牡丹

银壶煮老寿眉

实训7 玻璃杯品饮白毫银针、老白茶（寿眉或白牡丹）的紫砂壶泡饮及煮饮

1. 实训目的

掌握白茶的品质特点和品饮方法。

2. 实训器具

直身玻璃杯（1个/人）、紫砂壶、耐高温可煮玻璃壶或陶壶、公道杯、品饮杯、煮水壶、电陶炉、茶荷、茶拨、水盂、茶巾、茶盘。

3. 实训材料

白毫银针3克/人、白牡丹或寿眉（三年陈以上）5克/组。

4. 实训步骤

1）白毫银针玻璃杯泡饮

①赏干茶：此茶芽头肥壮，满披白毫，当年产银针有鲜爽的香气，好的陈年银针有蜜香；

②洁具：沸水滚杯法清洁玻璃杯；

③投茶：2 ~ 3 克白毫银针投入杯中；

④润茶：少量 90℃左右水浸润茶叶约半分钟；

⑤凤凰三点头手法将水冲至玻璃杯七分满；

⑥观赏金黄色银绿色芽叶渐渐舒展，从直立于水面下，到慢慢下沉直立至杯底，汤色渐显杏色；

⑦尝一口，淡雅爽口有回甘，饮至剩 1/3 杯时可续水。

2）紫砂壶泡饮陈年老白茶

①温杯洁具：用沸水依次冲洗紫砂壶、公道杯，最后热水倒入品饮杯后温着；

②投茶：在紫砂壶中投入 5 克老白茶；

③洗茶：沸水注入壶内没过茶叶，略摇晃，出汤弃之；

④正式冲泡：注水至满壶，用盖子刮去汤面泡沫，焖泡约半分钟期间倒去品饮杯中的温杯水；

⑤出汤，注入公道杯，壶底茶汤要倒尽；

⑥分茶入品饮杯，老白茶汤色橙红，有蜜香，口感也甜润。

3）煮饮老白茶

紫砂壶冲泡 3 ~ 4 次后，茶味转淡，可将叶底转入耐高温玻璃壶或陶壶，注入开水，在电陶炉上煮沸 5 分钟后，将茶汤倒入公道杯并分入品饮杯品饮。煮过后的白茶，会释放出更多的香气和滋味物质，有类似红枣的香气，口感回甜。如果直接用干茶叶煮饮，可减少投茶量，并先进行洗茶醒茶后再加水煮沸 5 分钟即可。

5. 思考题与实训报告

为什么说安吉白茶不是白茶？

7 黑　茶

7.1　黑茶的特点与名品

7.1.1　黑茶的特点

黑茶，因成品茶的外观呈黑色，故得名。黑茶属于六大茶类之一，属后发酵茶，即成品茶制成后，还需要通过存放进行后期转化，其间不但有茶叶本身在一定条件下的物质转化，还有微生物中的一些特殊菌种在其中起作用。在条件合适的情况下，黑茶会越陈越香，越陈越醇和，成为能喝的古董。主产区为广西、四川、云南、湖北、湖南、陕西、安徽等地。传统黑茶采用的黑毛茶原料成熟度较高，是压制紧压茶的主要原料，往往炒压或蒸压成砖形茶和团块茶。茶色深褐，滋味浓醇，适宜调制奶茶和酥油茶等，为西北少数民族所喜爱。

7.1.2　黑茶的名品

黑毛茶制茶工艺一般包括“杀青—揉捻—渥堆—干燥”四道工序。

黑茶按地域分布，主要分为云南黑茶（普洱茶）、广西六堡茶、湖南黑茶（茯茶、千两茶、黑砖茶、三尖等）、湖北青砖茶、四川藏茶（边茶）、安徽古黟黑茶（安茶）及陕西黑茶（茯茶）。

1）普洱茶

以云南独特的大叶种茶树（古老树种）的晒青毛茶为原料，后发酵制成，内含物丰富，品质优良，分为生茶和熟茶两种。

从右至左分别为三年、六年、十年陈生普茶汤

（1）生茶　传统制法的普洱茶都是生茶，茶青制成绿毛茶后，储放若干年，在自然环境下慢慢发酵陈化。生茶成茶慢但质量好，香味

持久醇厚，而且是越存越香。新生茶其实就是晒青绿茶，在陈放过程中，茶色慢慢变深，茶汤从带绿的黄色变成黄褐、棕褐色，滋味中的苦涩渐渐褪去，变得醇和回甘，香气也从锐利鲜爽的草木香，变成沉稳有层次的陈香，类似于干荷叶、菌菇、梅子等的香气。但新生茶刺激性强，“有霸气”，不宜多喝。

（2）熟茶 严格说来熟茶才是一般概念中的黑茶，在20世纪70年代初才出现，指的是将晒青毛茶泼水后渥堆发酵，迅速变为成品茶。干茶黑褐，茶汤红色，滋味绵柔有回甘，好的熟普有枣香。成品熟茶可以立即饮用，但新熟茶会有些渥堆味，存放几年，香气和滋味都会更好。

熟普茶饼（左）与生普茶饼（右）

生普（左）与熟普（右）茶汤之比较

各式普洱茶

笋壳包传统七子饼茶

市场上的商品普洱茶多数压成饼状、沱状等紧压茶，最常见为笋壳包的七饼一提的七子饼茶，其次为沱茶、砖茶、散茶。有单一种类茶青制成的纯料茶，也有不同山头不同等级毛茶拼配而成的茶。纯料茶各山场的特点鲜明，拼配茶滋味和香气都比较平衡温和。普洱茶树在自然状态下野生或半野生，都成乔木状，几百年的古树乔木茶，叶片厚实，内涵丰富，香味浓郁。而近几十年人工种植做灌木状修剪的大叶种茶，称为台地茶，叶片较薄软，滋味和香味相对淡薄，常作为拼配茶原料。

普洱茶具独特的陈香味，滋味浓厚、温和、醇滑，有和胃、化滞、助消化、醒酒的功能，在清朝宫廷风靡一时。现代医学证明，它还具有良好的减肥、降血脂、抗癌作用，渥堆产生的黄酮苷与维生素P相似，可防止血管硬化，有“益寿茶”“窈窕茶”之称。普洱茶原来以云南、广东人饮者众，香港销量近50%，近几十年也盛行于台湾，现在更是普及到全国各地，喝普洱、收藏普洱成风。

2）湖南黑茶

过去集中在安化生产，现在产区已扩大到桃江、沅江、汉寿、宁乡、益阳和临湘等地。湖南黑毛茶内质要求香味醇厚，无粗涩味。松柴烘焙，带松烟味，俗称“松茶”，常压制成黑砖茶、花砖茶、茯砖茶、湘尖茶，主销新疆、青海、甘肃、宁夏等省区。茯砖茶中会产生金花，是一种冠突散囊菌，可促进消化，降脂减肥，治疗心血管疾病，有很强的保健功能。

茯砖

茯砖茶中的金花——冠突散囊菌

3）四川边茶——藏茶

四川边茶生产历史悠久，因为主要销往藏区，又称为藏茶。清朝乾隆时代，规定雅安、天全、荥经等地所产的边茶专销康藏，称南路边茶。灌县、崇庆、大邑等地所产边茶专销川西北松潘、理县等地，称“西路边茶”。南路边茶是割当季或当年成熟新梢枝叶，是压制

适合清饮的芽细藏茶

藏茶汤

"康砖"和"金尖"的原料。西路边茶的鲜叶原料比南路边茶更粗老，采割当年或 1 ~ 2 年生茶树枝叶，杀青后晒干即可。西路边茶毛茶色泽枯黄，是压制"茯砖"和"方包茶"的原料。传统藏茶用料粗，味道苦涩浓醇，适合做奶茶、酥油茶，现在也有些用料比较细嫩的高等级藏茶，适合清饮。

4）六堡茶

六堡茶因原产于广西苍梧县六堡乡而名，已有 200 多年的生产历史。现在六堡散茶产区相对扩大，分布在浔江、郁江、贺江、柳江和红水河两岸，有苍梧、贺县、横县、恭城、钟山、富川、贵县、三江、河池、柳城等 20 ~ 30 个县生产六堡散茶，主产区是梧州地区。六堡茶的品质特点是：条索长整尚紧，色泽黑褐光润，汤色红浓；香气醇陈，滋味甘醇爽口，叶底呈铜褐色，并带有松烟味和槟榔味。六堡茶除销于中国的广东、广西、香港、澳门外，还远销新加坡、马来西亚、日本等地。除散装外，还有篓装紧压茶，陈茶常用来治疟疾、除瘴、解毒。

黑茶都是可以长时间存放的，条件合适的话，黑茶的品质可以越陈越好。因为黑茶后发酵需要微生物的参与，所以存放环境除了干净、避光、干湿度合适外，还必须透气，一般以棉纸、纸箱、竹箬、篮筐、布袋等材质包裹存放。

六堡茶

六堡茶汤

7.2 黑茶的品饮

紧压成饼、砖、沱的黑茶，在冲泡前需要用茶刀或茶针解开，最好能放在透气的陶质茶罐醒茶几天，去除仓味。

用茶刀解茶

陶罐醒茶

琥珀色普洱茶汤

黑茶一般可以用紫砂壶或者盖碗沸水冲泡，可以选用中等大小的大腹紫砂壶或者大一点的盖碗，便于茶条舒展和滋味的浸出。水温 100 ℃，第一泡茶汤作为洗茶，冲好水略微摇晃一下就倒出。如果是陈年老茶一般要洗 2 ~ 3 遍，不但是洗去岁月的尘埃，也是为了“唤醒”茶叶，让纯正的香味滋味更好地浸出。出汤时可选用质地较好的透明玻璃公道杯观赏汤色，如普洱熟茶以茶汤晶莹亮丽、颜色多变而著称。人们常常把云南普洱茶的汤色比喻为“陈红酒”“琥珀”“石榴红”“宝石红”，等等，观色已成为普洱茶艺中的一道独特风景。普洱茶的茶汤色泽和质地因茶叶的产地、制作工艺、用料、储藏环境、陈化年限等不同而呈现出不同的变化，观汤既是审美也是评价茶质好坏的重要环节。品饮黑茶的杯子一般以素色瓷或玻璃小杯为宜，以便于观赏黑茶的艳丽汤色。茶杯应大于品饮工夫茶（乌龙茶）用杯，厚壁大杯，既适应黑茶醇厚香甜的特性，也比较贴近黑茶粗犷的饮茶习俗。

下面以普洱茶为例，说明一下黑茶的泡饮。

7.2.1 宽壶留茶根焖泡熟茶

对于品质较好的熟茶，可以采取“宽壶留根焖泡法”。“留根”就是经“洗茶”后从始至终将泡开的茶汤留在茶壶里一部分，不把茶汤倒干，一般采取“留三出七”。每次出茶后再以开水添满茶壶，直到最后茶味变淡。“焖泡”是指时间相对较长，节奏讲究一个“慢”字。“留根”和“焖泡”道出了云南普洱茶的茶性。采取留根和焖泡，既能调节从始至终的茶汤滋味，又能为普洱茶的滋味形成留下充分的时间和余地，达到“茶熟香温”的最佳境界。采取这样的泡法，投茶量不宜过多，以免茶汤过浓。现实中常常会见一部分储藏不当而茶叶质地却很好的普洱茶，要么轻度受潮，要么串味，开汤时茶味不够纯正，但浓甜度和厚度尚可。对于这类茶叶，冲泡时也采用宽壶焖泡法，只是头一、二泡不留根，三泡起再留根焖泡。

1. 备具

2. 温壶

3. 温盅

4. 温杯

5. 投茶

6. 洗茶（醒茶）

7. 倒洗茶水

8. 正泡

9. 刮沫

10. 淋壶

11. 倒温杯水

12. 出汤（留根）

13. 分茶

14. 泡好的普洱熟茶汤

7.2.2 紫砂中壶“工夫茶”泡法

用中等大小的紫砂壶现冲现饮，每次倒干，不留茶根。对于部分比较新的普洱茶或有轻异味的茶，使用中型壶现冲现饮，头几泡除去新异味，提高后几泡的纯度。对于部分重发酵茶，采取快冲倒干法便于避免茶汤发黑。对于苦涩味较重的茶叶，中壶快冲能减轻苦涩味。对于一部分采用机械揉捻制作晒青的普洱茶品，因茶味浸出较快，冲泡时也以此法为宜。

1. 备具

2. 温壶

3. 温盅

4. 温杯

5. 投茶

6. 洗茶（醒茶）

7. 倒去洗茶水

8. 正泡

9. 刮沫

10. 淋壶盖

11. 倒温杯水

12. 出汤（要滴尽茶汤）

13. 分茶

14. 泡好的茶汤

7.2.3 盖碗冲泡法

盖碗普洱茶

盖碗冲泡法有利于提高冲泡温度，提高茶叶的香气，比较适宜于冲泡粗老普洱茶。但对于一些细嫩茶，要求冲泡者要手艺娴熟，否则会出现“水闷气”或“熟汤味”的现象。盖碗冲泡一定程度上减少了器皿对茶汤醇度的有利影响，比较客观，适合评茶。

黑茶的茶菁原料比一般的茶叶老熟、肥厚，不但可以泡饮还可以煮饮，尤其是老茶，或者已经泡饮多遍变得淡而无味的茶，通过煮饮可以使茶叶的内含物更多地析出，陈香更加悠然浓郁。有关研究表明，茶叶在壶中煮沸 5 分钟，茶汤中抗氧化剂茶多酚的浓度达到最高峰，饮用在壶中煮制 5 分钟的茶水 1 小时后，血液中的抗氧化剂水平上升了 45%。其他种类的茶叶煮饮会影响口感，但黑茶得天独厚，不管是为了滋味口感还是健康，都提倡煮饮。外出旅游也可以用保温壶焖泡黑茶。煮饮和保温壶焖泡黑茶，投茶量都要减至一般泡茶所用的 1/2 或 1/3 的量，否则茶汤太浓。

黑茶的煮饮

黑茶或熟普冲泡煮饮时可以加入陈皮，市场上的柑普在品饮时要将柑皮掰下一块与茶同泡，还可以加菊花或者玫瑰花一起冲泡，不但滋味独特，保健功能也会增强，不妨一试。

柑普

菊花普洱

玫瑰普洱

众所周知，藏区日常必须饮品是酥油茶，它的制作方法就是将黑砖茶用水熬成浓汁，把茶水倒入“董莫”（酥油茶桶），放入酥油和食盐，用力将活塞状“甲罗”上下来回抽几十下，搅得水乳交融，再倒进锅里加热，便成了可喝的酥油茶了。酥油茶因为有酥油，所以能产生很大的热量，喝后可御寒，是很适合高寒地区的一种饮料。酥油茶里茶汁也很浓，又能起生津止渴的作用。藏族喝酥油茶还有一套规矩：一般是边喝边添，不一口喝完，但对客人的茶杯总要添满；假如不想喝，就不要动它；假如喝了一半再也喝不下了，主人把杯里的茶添满，你就摆着，告辞时再一饮而尽，这样，才符合藏族人民的习惯和礼貌。

藏茶汤除了调配成咸味的酥油茶和奶茶外，还可以加入水果块、玫瑰花蕾、蜂蜜等调配，粗茶细饮，更符合都市年轻一代的口味。

玫瑰藏茶

蜜桃蜂蜜藏茶

实训 8　紫砂壶泡饮熟普、盖碗泡饮生普

1. 实训目的

掌握普洱生茶、熟茶的品质特点和泡饮方法。

2. 实训器具

紫砂壶、盖碗、公道杯、品饮杯、煮水壶、电陶炉、茶荷、茶拨、水盂、茶巾、茶盘。

3. 实训材料

普洱生茶及熟茶各7克/组、杭白菊或玫瑰花5朵/组、矿泉水。

4. 实训步骤

1）盖碗冲泡普洱生茶

煮水→备器→洁具温杯，用沸水依次温洗盖碗、公道杯最后倒入品饮杯→赏干茶，投茶→洗茶、醒茶（陈年老茶可反复2～3次）→正式冲泡（浸泡时间约为30秒，其间可倒去温杯水）→出汤，茶汤注入公道杯→分茶入品饮杯，闻香观色品味，仓储良好的普洱茶会有令人愉悦的陈香味。

2）紫砂壶冲泡普洱熟茶

煮水→备器→洁具温杯，用沸水依次温洗紫砂壶、公道杯最后倒入品饮杯→赏干茶，投茶→洗茶、醒茶（陈年老茶可反复2～3次）→正式冲泡（浸泡时间约为20秒，其间可倒去温杯水）→出汤，茶汤注入公道杯，普洱熟茶可留根焖泡，即每次出汤可以留一点→分茶入品饮杯，闻香观色品味，仓储良好的普洱茶会有令人愉悦的陈香味，汤色呈琥珀色，口感绵柔甜润。

5. 思考题与实训报告

比较熟普和生普各自的特点。

实训9 黑茶的煮饮和调饮

1. 实训目的

掌握黑茶的煮饮和调饮方法，了解黑茶的保健养生功能。

2. 实训器具

直身玻璃杯（1个/人）、长柄茶勺、耐高温可煮玻璃壶或陶壶、公道杯、品饮杯、煮水壶、电陶炉、茶荷、茶拨、水盂、茶巾、茶盘。

3. 实训材料

六堡茶或藏茶5克、矿泉水、牛奶、盐。

4. 实训步骤

煮水、洁具温杯→投茶→沸水洗茶→再注入2/3壶沸水中火煮约5分钟，如果用玻璃壶，可通过观色来掌握煮茶的浓度。先出汤一半入公道杯，分入小杯清饮，剩下的茶汤继续煮1～2分钟，等茶汤更红浓时，出汤倒入直身玻璃杯约半杯，加入少许盐、牛奶，用茶勺调匀，即为一杯内蒙古、新疆等地少数民族日常饮用的咸奶茶。

5. 思考题与实训报告

想一想，煮茶用冷水和沸水会有什么不同?

8 青　茶

8.1　青茶的特点与名品

8.1.1　青茶的特点

青茶是一种半发酵茶，俗称“乌龙茶”。干茶叶色青绿带红，汤色随发酵程度深浅的不同而现出橙黄至橙红，茶香清高，滋味浓醇，给人以独特的享受。

青茶是我国特有的茶类，加工工序复杂，清代始有，加工工序如下：

（1）采摘　新梢将成熟时，采下带驻芽（芽梢停止生长）的 2 ~ 3 片嫩叶，太嫩味淡香浅，太老苦涩味浓。春茶香与味均佳，品质最好，秋茶香气更好。

乌龙茶开面采摘标准

（2）萎凋　晾青（室内），晒青（室外），熏青，烘青（阴雨天加温萎凋），使茶叶失水，适度发酵，透出香味。

（3）摇青　摇动鲜叶，擦伤叶缘细胞，促进酶促氧化，达到“绿叶红镶边”，显露乌龙茶特有香气。

（4）杀青 终止发酵，固定内质。

（5）揉捻 成型，挤出茶汁黏附于外表，易于冲泡出味。

（6）干燥 烘焙，包揉，进一步成型，干燥。

乌龙茶有如梅似兰的幽香，醇厚回甘，有“喉韵”（过喉生津），汤色从黄绿（发酵较轻）到橙红（发酵较重）。乌龙茶干燥烘焙后，一般要放3个月左右，等其退火后再饮用，香气和滋味会更温和甘醇。足火烘焙的乌龙茶，在密封状态下可长远存放，香幽味久。

8.1.2 青茶的名品

乌龙茶名品有武夷岩茶、安溪铁观音、凤凰单丛、台湾冻顶乌龙等。乌龙茶主要分为以下几类。

1）闽南乌龙

闽南为乌龙茶的发源地，品种有：

（1）安溪铁观音 安溪产区“四季有花长见雨，一冬无雪却闻香”，所产铁观音，条索紧曲，重实，色泽砂绿翠润，味浓似兰，浓郁苦涩，后回甘，历久犹有余香，所谓“观音韵，圣妙香”，形如观音合掌，重如铁，故名。好的铁观音，七泡有余香，“未尝甘露味，先闻圣妙香”。铁观音有浓香、清香两种。浓香型发酵略重，焙火也较重；清香型汤色黄绿，香气幽雅。

铁观音茶树

（2）黄金桂（贵） 有桂花香，品种名黄棪。

另有佛手、毛蟹、梅占、桃红、香橼等品种，各有特色。

浓香铁观音

清香铁观音

浓香（左）和清香（右）铁观音茶汤

2）闽北乌龙

闽北部武夷山一带，古称建安，宋朝有贡茶园（蒸青），元朝有御茶园，明末有乌龙茶出现。武夷山多云雾，碧水丹山，冬暖夏凉，深坑巨谷，茶农利用岩凹、石隙、石缝、沿边砌筑石岸，构筑“盆栽式”茶园。“岩岩有茶，非岩不茶”，因为当地的土壤含有丰富的岩石风化后的矿物质，使得岩茶具有特殊的岩韵，浓饮而不苦涩，浓醇清香，生津回甘，所谓有“岩骨花香”，通称为“武夷岩茶”。武夷岩茶变种品种多而优异，茶质常和小环境有关，有四大名枞：大红袍、铁罗汉、白鸡冠、水金龟。其中尤以大红袍最为著名，有花果香和木质香，可泡九次不脱香味。大红袍母树产于九龙窠天心岩，有细小甘泉滋润，嫩叶为红色，叶大如掌，汤色如胭脂。现存大红袍母树仅 6 棵，已受保护停产，现在市场上的大红袍都是后人选育再加无性繁殖而来。另有武夷肉桂，香极辛锐浓郁刺激，有桂皮味。闽北水仙，花香浓郁。

大红袍

肉桂

3）广东乌龙

广东乌龙主产潮州凤凰山，有凤凰单丛、凤凰水仙。

味浓带刺激性，回味略甜。茶叶有光泽，外形壮挺，泛朱砂红点，金褐色，茶汤橙黄，茶香芳烈而持久。“单丛”的香型众多，总的来说是花香蜜味，浓郁耐泡。

单丛

4）台湾乌龙

台湾乌龙从福建传入，是台湾地区主要的茶类，其中以包种茶为多，约占七成。台湾包种茶比传统乌龙茶发酵轻，叶色较绿，汤色黄亮，近似绿茶，清香扑鼻，又称“清茶”。著名的有：

（1）文山包种 卷曲，偏向条状，汤色金黄，清新花香，口感飘逸，台湾主产台北文山茶区，发酵程度在 15% ~ 30%，成茶深绿色。

（2）金萱 产在台湾南投、嘉义等地，在台湾称台茶 12 号，具独特奶花香。

金萱

（3）冻顶乌龙 是台湾清香乌龙茶的代表品种，产在台湾南投县凤凰山支脉海拔 800 米以上的鹿谷茶，纯手工精制，外观半球卷曲，入喉甘醇，汤色金黄，滋味清新，具爽口活泼的花果味。

发酵最轻的乌龙茶在台湾，发酵最重的乌龙茶也在台湾。产在台湾新竹、苗栗一带的白毫乌龙，传统上被视为台湾真正乌龙茶，采摘细嫩，发酵最重，有熟果香味，饮之温润优雅，最似红茶，在国际上有“香槟乌龙”“东方美人”之称。

白毫乌龙

8.2 青茶的品饮

青茶为福建、广东及港台地区的人所喜欢，当地泡饮乌龙茶的程序颇为繁琐，费工夫，所以称为“工夫茶”。

传统上泡饮乌龙茶一般选用小型的紫砂壶或盖碗，再斟入小瓷杯饮用。斟茶时，为浓淡均匀，需要来回游动斟茶入杯，现代也可借助公道杯，为加强闻香效果，还可利用闻香杯。

工夫茶的投茶量为壶或盖碗的 1/2 ~ 2/3，泡开后茶叶几乎布满壶。投茶时，细小的茶叶末放在壶底，近壶嘴处放大叶，以免茶叶末堵塞壶嘴。

冲泡乌龙茶的水温为 95 ℃以上的沸水，壶杯均要预热，投茶后，可用手捂着壶盖摇晃几下，让烫热的壶壁使茶叶香味散发氤氲于壶内，揭盖品闻干香。冲泡时，要“悬壶高冲”，第一遍的茶汤弃之不喝。壶中水注满后，还要在壶外壁上遍浇热水，如此“内外夹攻”有利于迅速出味。第一次斟茶时，壶嘴贴近饮杯来回游动，浓淡均匀地斟入各杯，谓之“关公巡城”。壶中最后的茶汁也要均匀滴入各杯，谓之“韩信点兵”。第二次斟茶就可以利用公道杯来浓淡均匀茶水。有闻香杯时，茶水先斟入闻香杯，再转入饮杯，从倒空的闻香杯中嗅闻茶汤的香味。饮茶时，以右手三个手指执杯（女士要用左手辅助执杯），谓之“三龙护鼎”，分三口饮完。

8.2.1 传统工夫茶

传统工夫茶一般认为起源于广东潮汕地区和福建南部。传统工夫茶具有九项：壶（盖碗），杯，盘，洗（两个），垫，水钵，炭炉，砂铫，羽扇。以前形容人家穷，会说“吃茶欠九项”。

潮汕工夫茶具（盖碗可换成紫砂小壶）

橄榄炭

最基本的茶具有四项，俗称潮汕四宝：

- **玉书煨** 拳头大小的砂铫。

● **潮汕烘炉（白铁皮）或红泥炭炉**

● **孟臣壶** 紫砂小壶（明末清初，制壶名家惠孟臣所制小壶），现在一般用盖碗，更方便投茶和清洗。

● **若琛杯** 白色小瓷杯（小、浅、薄、白）。

主要步骤：烫壶杯（孟臣沐霖）→投茶（乌龙入宫）→洗茶→泡茶（高山流水）→刮沫淋壶（重洗仙颜）→巡回低斟分茶（关公巡城，韩信点兵）→闻香，观色，品味。

1. 温洗碗杯

2. 投茶

3. 注水（第一遍茶汤弃之）

4. 巡回低斟分茶（关公巡城、韩信点兵手法）

5. 茶汤泡好后，宾客就近取用，以三龙护鼎手法端起杯子，闻香观汤色后分三口啜饮茶汤

附 武夷茶艺表演程序

武夷茶艺表演程序有二十七道，合三九之道。二十七道茶艺如下：

恭请上座，焚香静气，丝竹和鸣，叶嘉酬宾，活煮山泉，孟臣沐霖，乌龙入宫，悬壶高冲，春风拂面，重洗仙颜，若琛出浴，玉液回壶，关公巡城，韩信点兵，三龙护鼎，鉴赏三色，喜闻幽香，初品奇茗，再斟兰芷，品啜甘露，三斟石乳，领悟岩韵，敬献茶点，自斟漫饮，欣赏歌舞，游龙戏水，尽杯谢茶。

恭请上座 客在上位，主人或侍茶者沏茶，把壶斟茶待客。

焚香静气 焚点檀香，造就幽静、平和的气氛。

丝竹和鸣 轻播古典民乐，使品茶者进入品茶的精神境界。

叶嘉酬宾 出示武夷岩茶让客人观赏。“叶嘉”即宋苏东坡用拟人笔法称呼武夷茶之名，意为茶叶嘉美。

活煮山泉 泡茶用山溪泉水为上，用活火煮到初沸为宜。

孟臣沐霖 即烫洗茶壶。孟臣是明代紫砂壶制作家，后人把名茶壶喻为孟臣。

乌龙入宫 把乌龙茶放入紫砂壶内。

悬壶高冲 把盛开水的长嘴壶提高冲水，高冲可使茶叶翻动。

春风拂面 用壶盖轻轻刮去表面白泡沫，使茶叶清新洁净。

重洗仙颜 用开水浇淋茶壶，既洗净壶外表，又提高壶温。“重洗仙颜”为武夷山一石刻。

若琛出浴 即烫洗茶杯。若琛为清初人，以善制茶杯而出名，后人把名贵茶杯喻为若琛。

玉液回壶 即把已泡出的茶水倒出，又转倒入壶，使茶水更为均匀。

关公巡城 依次来回往各杯斟茶水。

韩信点兵 壶中茶水剩下少许时，则往各杯点斟茶水。

三龙护鼎 即用拇指、食指扶杯，中指顶杯，此法既稳当又雅观。

鉴赏三色 认真观看茶水在杯里的上中下的三种颜色。

喜闻幽香 即嗅闻岩茶的香味。

初品奇茗 观色、闻香后，开始品茶味。

再斟兰芷 即斟第二道茶，“兰芷”泛指岩茶。宋范仲淹诗有“斗茶香兮薄兰芷”之句。

品啜甘露 细致地品尝岩茶，“甘露”指岩茶。

三斟石乳 即斟三道茶。“石乳”，具代表性的传统岩茶品种，有浓郁乳香和花果香，岩韵十足。

领悟岩韵 即慢慢地领悟岩茶的韵味。

敬献茶点 奉上品茶之点心，一般以咸味为佳，因其不易掩盖茶味。

自斟漫饮 即任客人自斟自饮，尝用茶点，进一步领略情趣。

欣赏歌舞 茶歌舞大多取材于武夷茶民的活动。三五朋友品茶则吟诗唱和。

游龙戏水 选一条索紧致的干茶放入杯中，斟满茶水，恍若乌龙在戏水。

尽杯谢茶 起身喝尽杯中之茶，以谢山人栽制佳茗的恩典。

8.2.2 现代工夫茶

现代工夫茶从台湾兴起，添加了公道杯和闻香杯，省略了巡城点兵分茶，称为壶盅双杯法。

主要步骤：烫壶杯→投茶→颠壶，闻干茶香→洗茶→泡茶→刮沫淋壶→出汤入公道杯→茶汤分入闻香杯（倒空茶汤后，嗅闻杯底茶香）→茶汤转入品饮杯，观色品味。

壶盅双杯法泡阿里山乌龙（台式工夫茶）

1. 备具

2. 温壶

3. 温盅

4. 温闻香杯

5. 温双杯

6. 置茶

7. 投茶

8. 洗茶

9. 倒洗茶水

10. 正泡

11. 刮沫

12. 淋壶

13. 倒去温杯水 1

14. 倒去温杯水 2

15. 出汤

16. 滴尽茶汤

17. 分茶入闻香杯

18. 扣杯

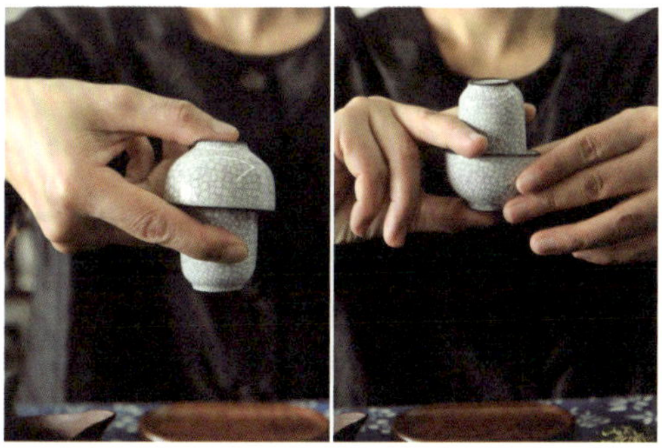
19. 翻杯

20. 置托

21. 轻轻拔出闻香杯，转圈滴尽茶汤

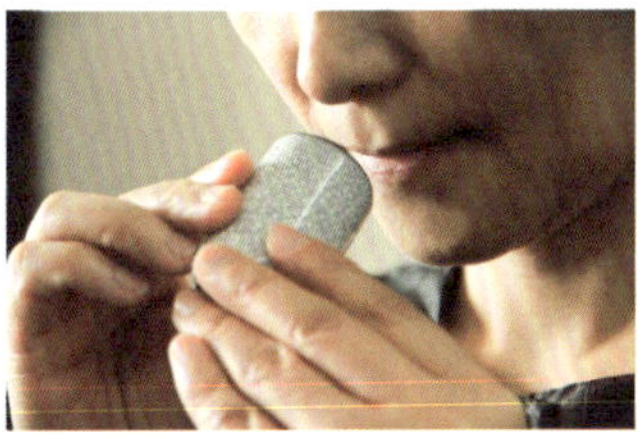
22. 闻香

23. 品味

24. 茶汤

一般可将两种泡法结合起来，首泡传统泡法，以“巡城点兵”手法将茶分入闻香杯，第二泡现代泡法，以公道杯（茶盅）给客人加茶。很多老茶客不喜欢用公道杯和闻香杯，认为茶汤多经过一道程序，就会多一次失香和降温，影响品味。

第一泡巡城点兵分茶

第二泡公道杯分茶

工夫茶因为大多比较浓，所以品饮时有三忌：忌空腹，忌临睡，忌冷饮（所谓要喝烧茶）。趁热喝下小杯中茶，“看色闻香徐啜味，审韵别种品次第”，别有一番风味。

实训 10　潮汕工夫茶——碗杯法

1. 实训目的

掌握潮汕工夫茶的冲泡技艺，以及凤凰单丛和武夷岩茶的品质特点。

2. 实训器具

盖碗、品饮杯、煮水砂铫、潮汕炉（或电陶炉）、壶承、茶洗、茶荷、茶拨、茶夹、水盂、茶巾、茶盘。

3. 实训材料

凤凰单丛、大红袍、肉桂各 8 克 / 组，瓶装水。

4. 实训步骤

三个人一组，每人用盖碗冲泡一种茶叶，分三杯茶，互相品评比较这三种茶叶的色香味品质特点。

（1）摆具　一个盖碗配三个小杯，小杯呈“品”字形聚拢摆放。

（2）温杯洁具　依次用沸水温洗盖碗，滚杯法转动烫洗小杯。

（3）投茶　用茶拨从茶荷中将8克茶叶拨入盖碗（约为盖碗容积的1/3）。

（4）洗茶　沸水冲入盖碗浸泡茶叶后迅速倒掉，可闻香。

（5）正泡刮沫　沸水高冲入盖碗，用盖子略刮动茶叶后，拂去汤面泡沫。

（6）出汤分茶　盖碗斜搁留出一条缝，单手持盖碗，食指按住盖钮，拇指和中指夹住碗沿，倾倒出茶汤，在三个杯子上方游动，以关公巡城、韩信点兵手法，均匀分汤。

（7）闻香、观色、品味　由远而近闻香、观色、分三口啜饮茶汤，留意口感喉韵。

5. 思考题与实训报告

根据实操，比较凤凰单丛、大红袍和肉桂三者之间在色香味上的不同，说说有什么冲泡体会。

实训11　台式工夫茶——壶盅双杯法

1. 实训目的

掌握台式工夫茶的冲泡技艺，以及铁观音和台湾乌龙茶的品质特点。

2. 实训器具

紫砂小壶、公道杯、闻香杯、品饮杯、长形茶托、煮水壶、电陶炉、壶承、茶洗、茶荷、茶拨、茶夹、水盂、茶巾、茶盘。

3. 实训材料

清香铁观音、浓香铁观音、台湾乌龙各8克/组。

4. 实训步骤

三个人一组，每人用紫砂壶冲泡一种茶叶，分三杯茶，互相品评比较这三种茶叶的色香味品质特点。

（1）**温杯洁具** 依次用沸水温洗紫砂壶、公道杯、闻香杯、小杯，最后闻香杯反扣浸于品饮小杯的热水中保温。

（2）**投茶** 用茶拨从茶荷中将8克茶叶拨入紫砂壶（约为壶容积的1/3），注意大叶放于壶嘴侧近处，碎叶远离壶嘴，以免堵塞。

（3）**洗茶** 沸水冲入紫砂壶浸泡茶叶后迅速倒掉，可闻香。

（4）**正泡刮沫** 沸水高冲入壶，用盖子略刮动茶叶后，拂去汤面泡沫，并用清水冲淋盖子。

（5）**淋壶** 沸水冲淋壶外壁，清洁壶身并提高壶温，有利于出味。

（6）**出汤分茶** 单手持壶，食指轻轻按住盖子，倾倒出茶汤于公道杯，茶汤要倒尽，否则下一泡茶汤会又苦又涩。

（7）**闻香** 茶汤由公道杯倒入闻香杯，品饮杯扣于闻香杯，倒转，使茶汤转入品饮杯，持闻香杯，嗅闻残留在杯底的茶香。

（8）**观色、品味** 观汤色，并分三口啜饮茶汤，留意口感喉韵。

5. 思考题与实训报告

根据实操，比较清香铁观音、浓香铁观音和台湾乌龙三者之间在色香味上的不同，说说有什么冲泡体会。

❾ 红　茶

9.1　红茶的特点与名品

9.1.1　红茶的特点

红茶是一种接近全发酵的茶，干茶颜色乌润，故英语以“black tea”（黑茶）称之。茶汤红色明艳，上品者往往能在茶碗壁形成金边，味醇厚而带焦苦，有甜香。红茶是全世界饮者最众、传播最广泛的一种茶，除了我国传统的清饮外，西方人常常以之调糖奶，加入柠檬等水果作调饮。

红茶的加工工序如下：

①采摘：比绿茶采摘标准较老一点，上品红茶的原料为一芽一叶、二叶。

②萎凋：摊晾半天一夜，使叶子卷曲，产生萎凋香气。

③揉捻（揉切）：使茶汁出来凝结在茶叶表面，红碎茶在这一过程会边揉边切。

④发酵：在室温 25 ～ 30 ℃，90% 湿度下摊薄发酵，产生茶红素及茶黄素，使叶色变红并呈现红茶特有的花果般甜香。

⑤干燥。

⑥精制分级。

⑦拼配，包装，出售。

红茶在世界各地传播广泛，有一些专门的英文名词：

- CTC：揉捻后压碎（Crush），撕裂（Tear），卷曲（Curl）成圆粒，常制成茶包。
- OP：叶片较大。
- BOP：叶片较小。
- F：小叶或像花一般的。
- D：粉末。

- T：含大量新芽。
- G：黄金色的光辉。
- S：特级。

9.1.2 红茶的名品

1）中国红茶

我国红茶可以分为小种红茶、工夫红茶和红碎茶。

● 小种红茶

中国特有，也是最早出现的红茶，产于福建武夷山，有松烟桂圆香味，上品者滋味馥郁绵长，汤色红如玛瑙，非常适合清饮，也适合调饮。近几年盛名在外的金骏眉，就是以传统的小种红茶的加工工艺为基础开发的高端品种，有浓郁的花果蜜糖香。

正山小种及茶汤

金骏眉

● 工夫红茶

泛指所有条状、不切碎的中国传统红茶，多以地区命名，最有代表性的为祁门工夫红茶和滇红工夫红茶。

祁门工夫红茶

祁门工夫红茶产于安徽西南黄山支脉一带，条索紧秀，色泽乌润（有宝光），汤色红艳明亮，滋味醇厚隽永，耐泡，清新带有蜜糖香，上品更有兰花香，被誉为“祁门香”“王子香”，清饮最好，加鲜奶亦不失其香醇，是世界三大高香茶之一，在国际上享有盛誉。

滇红工夫红茶是产于云南的大叶种红茶，外形肥壮显露金毫，有浓郁的花果般香气，滋味甘甜醇厚，特别适合调饮。

其他还有以地方命名的各种工夫红茶，比如宁红、宜红、闽红等。

滇红工夫红茶

● **红碎茶**

中国的红碎茶主要为出口及制作茶包用，主要产地为云南和海南。

红碎茶

2）印度红茶

19 世纪时英国人将中国茶叶带到印度种植，生产红茶。印度现已成为最大的红茶生产国和输出国，最著名的有：

大吉岭红茶（Darjeeling Tea）：香气独特，清饮调饮均合适。

阿萨姆红茶（Assam Tea）：丰润厚重，最宜冲泡奶茶。

印度的大众化饮料“拉茶”，就是用中低档红茶煮沸，再加入牛奶、香料（丁香、肉桂等）、砂糖调制的，价廉物美。

3）斯里兰卡红茶（锡兰红茶，Ceylon tea）

气味纤细优雅，口感耐人寻味。著名的有：

汀布拉红茶：叶片较细小，适合纯饮，最佳季节产的 BOP 也适合泡奶茶。

乌瓦红茶（UVA）：气味清新具有薄荷般香味，纯饮、冲泡奶茶均宜。

4）肯尼亚红茶

20 世纪后半期才发展起来，茶色优美，口感清新，90% 出口，英国茶包最常采用的原料。

5）印尼红茶

主要是爪哇茶，香味温和，较少涩味，口感清淡无刺激。

6）英国红茶

英国本身不产茶，只是利用印度、锡兰、中国、肯尼亚等国的红茶进行精制和调配，比较著名的品牌有立顿（LIPTON）、川宁（TWININGS）、伯爵（EARL GREY）等，伯爵红茶往往是加了食用香精的香味红茶，最早以佛手柑精油调香，现在有柠檬、苹果等其他香味。

9.2 红茶的品饮

9.2.1 中国式传统清饮

用紫砂壶或盖碗冲泡，倒入小杯品饮，沸水冲泡。金骏眉、祁红、宜红等高端红茶都比较适合清饮。

紫砂壶冲泡祁门红茶

红茶清饮可以加入玫瑰花蕾，调经活血，美容养颜。

1. 备具

2. 投茶

3. 冲泡

4. 候汤

5. 出汤

6. 小杯中加玫瑰花蕾

7. 分茶

8. 闻香、观色、品味

9.2.2 盖碗冲饮祁门红茶时加入玫瑰花蕾

西式常用瓷茶具，清饮或调饮，除冲泡也可煮饮：先烧开水，加入红茶，再沸后熄火焖泡 3 分钟，过滤，倒入杯子饮用。

下面给大家介绍几种调饮红茶的冲泡方法。

调饮红茶一般可以选择味道浓郁的红茶，比如中国的滇红、印度的阿萨姆红茶。红碎茶容易出味，也很适合做调饮，条索状的工夫红茶泡的时间则要适当长一些才能出味。一般先用壶冲出茶汤，然后再加入各种调料，如牛奶、水果、糖等。因为要加入调料，因此茶汤可以适当比清饮泡浓一点，用茶包也可以很方便地冲出美味的调饮红茶。

9.2.3 茶包冲泡奶茶的方法

这是在办公室就可以方便操作的。

西式红茶杯，每杯放入一个茶包，100 ℃水注入杯中，然后拎着茶包的棉线上下浸泡，直至茶汤颜色变成较深的红褐色，取出茶包，加入鲜奶和糖调味。在办公室工作到头晕眼花疲累的时候，花 5 分钟给自己泡一杯奶茶，提提神无疑是不错的放松和休息。

喝奶茶和喝咖啡时一样，茶匙只作为调匀糖奶之用，调匀后要从杯中取出茶匙，这是喝奶茶也是喝咖啡的基本礼仪。

1. 备具

2. 注水

3. 晃动茶包

4. 取出茶包

5. 加牛奶

6. 加糖

7. 搅匀茶汤

8. 取出茶匙

9. 泡好的奶茶

9.2.4 煮饮奶茶

虽然最常见的奶茶调配方法是瓷壶冲泡好红茶，倒入杯子，饮者根据自己口味加糖加奶。其实好喝的奶茶还得直接用牛奶煮，不加水，这样做出的奶茶才浓郁喷香。牛奶要全脂的，脱脂低脂奶都太寡淡了。牛奶煮开立即熄火，然后加入红茶焖泡 5 分钟，过滤倒出，按个人喜好加糖调味。

1. 煮开牛奶

2. 投入红碎茶

3. 搅匀

4. 焖泡 5 分钟

5. 过滤出汤

6. 煮好的奶茶

9.2.5 英式下午茶

红茶在17世纪传到英国后，很快风靡英伦的上流社会。英国的午餐很简单，晚餐又比较晚，所以到傍晚时分就有点饥肠辘辘了。19世纪有位名叫安娜的公爵夫人，为了打发晚餐前的整个漫长下午，发明了下午茶——喝喝茶、吃吃点心，既略微填了一下肚子，又提供了社交的机会，这种习俗很快在贵族阶层蔓延开来直至今天，已变成一种非常普遍的红茶文化。

喝下午茶的最正统时间是下午四点（俗称的tea time），在维多利亚时代，男士是着燕尾服，女士则着长袍。现在每年在白金汉宫的正式下午茶会，男性来宾则仍着燕尾服，戴高帽及手持雨伞；女性则穿白天洋装，且一定要戴帽子。通常是由女主人着正式服装亲自为客人服务，以表示对来宾的尊重。

英式下午茶与点心

传统下午茶是饮用红茶，但现在下午茶的内容已经越来越广泛，咖啡、花草茶都可以。

喝下午茶有一些礼仪是我们应该了解的。比如：传统的奶茶是先加牛奶再加茶，据说这样可以防止茶杯上留下难以洗涤的茶渍。下午茶的点心礼仪也非常讲究。正统的英式下午茶的点心是用三层点心瓷盘装盛，第一层放三明治、第二层放传统英式点心Scone、第三层则放蛋糕及水果塔；由下往上开吃，由淡而重、由咸而甜。先尝尝带点咸味的三明治，让味蕾慢慢品出食物的真味，再啜饮几口芬芳四溢的红茶；接下来是涂抹上果酱或奶油的英式松饼 Scone，让些许的甜味在口腔中慢慢散发，最后才由甜腻厚实的水果塔，带领你品尝下午茶点的最高潮。维多利亚式下午茶是一门综合的艺术，简朴却不寒酸，华丽却不庸俗。美味的茶和点心、精美的瓷器、轻松的音乐，还有就是一份悠闲的好心情，让下午茶成为繁忙紧张的都市人偷闲放松的好方式。国内大城市的五星级酒店都有这种比较正宗的英式下午茶。

自己 DIY 一个英式下午茶其实也不难：挑一个时间充裕的假日午后，在照得到阳光的客厅或者阳台，泡一壶茶、准备几个小点心，放一张古典音乐碟，约三两好友聊聊天，喝喝茶，度过一个属于自己的下午茶时间，岂不惬意！

9.2.6 荔枝冰红茶——冰沁荔红

一般的冰红茶用清水做成的冰块，溶化后往往会冲淡茶汤，所以要将茶泡浓一点。这款荔枝冰红茶，是将冰冻过的荔枝代替冰块，茶汤按正常浓度即可，泡出来的茶汤带有荔枝香味，格外可口。同理，也可以将橘子、柠檬等水果冷冻后代替冰块，调制成各种水果味的冰红茶。平时也可将多余的红茶汤冻成冰块用于冰红茶的调制，或者在制造冰块的时候，放入可食用的花草，比如桂花、薄荷、琉璃苣、玫瑰花蕾等，制成美丽而别具风味的冰块，用来调制冰红茶，更是趣味无穷。

先用壶将红茶泡好，另取一壶，放入剥皮的冰冻荔枝（连果皮冻，用时再剥开）约 2/5 壶，适量糖浆或蜂蜜。将泡好的茶汤趁热倒入冰壶，轻轻摇晃，直至壶身外面感觉冰凉，倒入放有 1 ~ 2 个冰荔枝的杯子即可。冻荔枝在热茶汤的冲击下，迅速融化出荔枝的甜香味。这款红茶用的是产于云南的大叶种滇红，带有浓郁的糖香，和荔枝的味道极为协调。

1. 冰冻荔枝

2. 备具

3. 温洗泡茶壶

4. 洗冰壶

5. 倒去洗壶水

6. 投茶

7. 温润泡

8. 倒去洗茶水

9. 正泡

10. 冰荔枝剥壳入冰壶

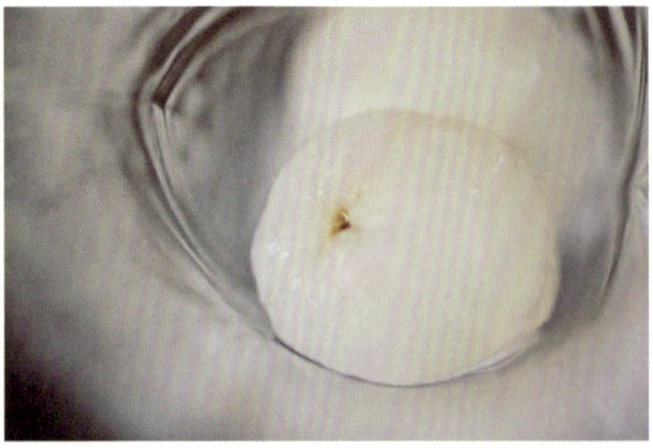

11. 杯中也放入冰荔枝

12. 加入蜂蜜或糖浆

13. 红茶汤趁热倒入冰壶

14. 静候茶汤冷却

15. 感受茶汤温度

16. 茶汤入杯

17. 泡好的荔枝冰红茶

9.2.7 柠檬红茶

先用壶将红茶泡好，稍浓，柠檬一个，半个切片，另外半个在每一个杯子里挤几滴柠檬汁，再放一片柠檬，按个人口味加砂糖少许，茶汤注入杯了，调匀即可。如要喝冰的，可参考荔枝冰红茶的调制方法。

柠檬红茶

百香果蜂蜜红茶

桂花蜜红豆红茶

原则上各种水果都可以加入红茶，冷饮热饮均可。红茶的香味和水果的香味相得益彰，柑橘类、百香果都非常适合调饮红茶，但像苹果、香蕉等含淀粉多的水果，会让茶汤颜色变得浑浊，影响视觉审美。红茶还可以加入蜜红豆、各式蜜饯制成调饮红茶。

红茶的性质温和，香醇可口，很适合老人、妇女、孩子饮用，用调饮红茶代替碳酸饮料给孩子们喝，健康又美味，会大受孩子们欢迎的。

实训 12 红茶的清饮及调饮（奶茶与水果红茶）

1. 实训目的

掌握红茶的清饮和奶茶、水果红茶的调饮方法。

2. 实训器具

小瓷壶或盖碗、公道杯、品饮杯、西式红茶具 1 套、小茶勺、过滤网、直身玻璃杯、煮水壶、电陶炉、茶荷、茶拨、水盂、茶巾、茶盘。

3. 实训材料

祁门红茶（或金骏眉等其他较幼嫩的高等级红茶）、滇红（或红碎茶、茶包）、柠檬、糖、冰块。

4. 实训步骤

1）红茶清饮

温杯洁具，依次烫洗瓷壶、公道及品饮杯→投茶、往小瓷壶或盖碗中投入红芽茶 3 克→90 ℃水冲泡，约半分钟→出汤入公道杯→分茶入小杯→观色、闻香、品味，应为红艳明亮、蜜糖香、甘甜醇和。

2）奶茶和柠檬冰红茶

温杯洁具，依次烫洗瓷壶、饮杯→按照每人一茶勺的茶量，向西式茶壶内投茶→少量沸水浸润并洗茶（茶包不用洗茶）→正泡，壶中注入沸水后浸泡 3 分钟，以获得较浓的茶汤→通过滤网，往红茶杯和放有 1 ～ 2 片柠檬的直身玻璃杯，注入半杯茶汤→往红茶杯中加入牛奶和砂糖调匀即为奶茶，往玻璃杯中加入冰块和砂糖即为柠檬冰红茶。

5. 思考题与实训报告

调饮红茶制作时要注意些什么才能让茶汤滋味浓香甘郁?

⑩ 花茶与花草茶

花茶和花草茶并不一样。花茶，是我国特有的香型茶，属于再制茶，也称熏花茶、香花茶、香片。花茶是利用茶叶中含有的高分子棕榈酸和萜烯类化合物具有吸收异味的特点，以绿茶、红茶、乌龙茶等茶坯用符合食用要求、能够吐香的鲜花窨制而成的。这里的“窨”是个多音字，当念“xūn”时，通熏，专指用可食用香花使茶叶染上香味。而花草茶则是利用可食用的花卉或香草调制而成，其中并无茶叶，属非茶之茶。

10.1 花茶的特点与名品

10.1.1 花茶的特点

花茶集茶味与花香于一体，茶引花香，花增茶味，相得益彰，既保持了浓郁爽口的茶味，又有鲜灵芬芳的花香。花茶不仅仍有茶的功效，而且花香也具有良好的药理作用，有益人体健康。

我国的花茶生产历史久远，据史料记载，唐代煮茶时就有加入茱萸、葱、姜、枣、橘皮等香辛料同烹的做法。北宋有在贡茶中掺入“龙脑”香增加茶香的，当时还有“烹点之际，又杂珍果香草”的做法。这种饮茶方法，可以说是花茶生产的原型。但真正开始生产花茶，却始于南宋。但当时的窨花茶，仅是文人雅士的自给性产物，并未形成商品花茶。明代，茶叶加工有所发展，花茶生产亦然。这一事实，在钱椿年的《茶谱》、田艺蘅的《煮泉小品》中都有所提及。但大规模的设厂窨制花茶，却是清咸丰年（1851—1861 年）以后的事。

原则上所有的茶叶都可以用香味愉悦又没有毒的香花来窨制，明朝钱椿年《茶谱·花茶诸法》中说：“木樨、茉莉、玫瑰、蔷薇、兰蕙、橘花、栀子、木香、梅花皆可作茶。诸花开时，摘其半含半放蕊之香气全者，量其茶叶多少，摘花为茶。花多则太香而脱茶韵，花少则不香而不尽美。三停茶叶一停花始称。”

花茶窨制的基本工艺是茶坯复火、窨制并和、通花散热、起花、复火、提花（加少量鲜花增加鲜灵度）、匀堆装箱等。

花茶经窨花后，已经失去花香的花干都要经过筛分剔除，尤其高级花茶更是如此，很少能见到成品花茶中有花干的存在。市场上有一些未经窨花、提花，只是在低级茶叶中拌些已经窨制过的花干，权作花茶者，通常只能称它为拌花茶。从科学的角度而言，只有窨花茶才称得上是花茶，拌花茶只不过是假冒花茶而已。

由于花茶既具有茶叶的爽口浓醇之味，又兼具鲜花的纯清馥郁之气，所以自古以来，人们对花茶就有“引花香，益茶味”之说，使人有一种“两全其美，沁人肺腑”之感。难怪有的外宾风趣地说：“在中国的花茶里，闻到了春天的气味。”

10.1.2 花茶的名品

花茶的品种繁多，都是以窨制的香花名称冠在茶字之首而命名的，如以茉莉花窨制的称为茉莉花茶，珠兰花窨制的称为珠兰花茶，玳玳花窨制的称为玳玳花茶，玉兰花窨制的称为玉兰花茶。此外，还有柚子花茶、玫瑰花茶、桂花茶、菊花茶、金银花茶等。在各种花茶中，生产量最大的是茉莉花茶，其次是珠兰花茶。花茶的茶坯，通常多选用绿茶，少量的有红茶、白茶和乌龙茶等。在绿茶类中，又以质地蓬松的烘青茶和大方茶为主要原料，部分取自炒青茶。这样，由于原料品种的不同，名称又有分得更细的，如以茉莉花茶为例，有茉莉烘青、茉莉大方、茉莉炒青之分。其他花茶称呼，则可依此类推。

1）茉莉花茶

我们先谈谈最普遍为人所知的花茶中之名品茉莉花茶吧。

“露华洗出通身白，沉水熏成换骨香。”——宋朝诗人叶廷圭这两句诗可谓透彻地描写了茉莉花茶的特点。茉莉花是一种亚热带地区的经济花卉，其祖籍据传在波斯湾，早在2000年前的汉代，从“丝绸之路”传入我国。最初在南方沿海地区种植，后逐渐传向昆明等地，再普及全国。茉莉花茶兼有绿茶和茉莉花的香味，制作时将采摘来的大批含苞欲放的鲜花，堆放于清洁场所，入晚待花半开呈虎爪形，吐香正浓时，将其掺入绿茶中窨制，待鲜花萎缩时除去花朵，烘干茶坯，再用鲜花复窨，如此再三而成，最后再加入少量鲜花提高花茶的鲜灵度。最好的茉莉花茶要经过九窨一提，窨1斤茶要六到七斤茉莉花。相传早在宋代时，我国即发明了茉莉花茶的窨制，现茉莉花茶的生产，已遍布闽、浙、苏、川、粤等地，其中以福建产茉莉花茶最为著名，远销海外，四川、苏州等地窨制的茉莉花茶亦负盛名。茉莉花每年分三期开放，第一期为初夏时节盛开，称为“头花”或“霉花”（因为恰逢南方雨季）；第二期于暑期伏天盛开，是为“伏花”或“夏花”，用伏花窨制的茉莉花茶，其品质最为清香宜人；第三期则为入秋后盛开的“秋花”，香味较淡。

茉莉花

碧潭飘雪是最近几年大受市场欢迎的产于四川峨眉山的高级茉莉芽茶。晴日午后，挑雪白晶莹、含苞待放的茉莉花蕾，赶在开放前择花，再以上等绿芽茶精心窨制。发水泡之，那叶似雀舌，汤呈青绿，清澈透明，茉莉花舒展漂浮水面如点点白雪，清秀雅致，故名“碧潭飘雪”，此茶不仅醇香可口，更有极高的观赏价值。

碧潭飘雪

茉莉花茶不仅香气馥郁芬芳，滋味鲜爽甘美，而且其还有一定的药理作用，具有使平滑肌收缩、降低血压、长发、润燥、生津、香肌等作用。如果单用茉莉花十余朵，沸水冲泡代茶饮，则有理气和中、芳香化湿之功效，对治疗慢性痢疾和慢性结肠炎亦有效，这样没有茶叶单用茉莉花泡水的属于花草茶范围，容后再讲。

茉莉凤眼

茉莉龙珠

茉莉大白毫

2）**桂花茶**

另一种比较常见的花茶是桂花茶。桂花茶以广西桂林、湖北咸宁、四川成都、重庆等地产制最盛。广西桂林的桂花烘青、福建安溪的桂花乌龙、重庆北碚的桂花红茶均以桂花的馥郁芬芳衬托茶的醇厚滋味而别具一格，成为茶中之珍品，深受国内外消费者青睐。近年来桂花烘青还远销日本、东南亚，卖价超过质量上等的乌龙茶，桂花乌龙和桂花红茶研制成功，为乌龙、红碎茶增添了出口外销的新品种。桂花香味浓厚而高雅持久，无论窨制绿茶、红茶、乌龙茶均能取得较好的窨花效果，是一种多适性茶用香花。

桂花红茶

虽说现在花茶很容易买到，但像古时候的文人那样自己动手窨制一些花茶，却也会给我们的日常生活增添许多雅趣。顾元庆《茶谱》的“诸花茶法”条有详细记载莲花茶的制作方法：“莲花茶：于日未出时，将半含莲花拨开，放细茶一撮，纳满蕊中，以麻皮略絷，令其经宿。次早摘花，倾出茶叶，用建纸包茶焙干。再如前法，又将茶叶入别蕊中。如此者数次，取其焙干收用，不胜香美。”清代文人袁枚不但以此法窨制莲花茶，还收集晨起荷叶上的露水来泡茶，荷香茶馨，想象一下就让人齿颊流芳，向往不已，这种荷花茶的制作虽然雅致，不过略显复杂，我们不妨因陋就简自己窨制一点桂花茶。

一般家里都会有一些茶，因为久放失却了清香鲜爽的香气，但茶味品质依旧不错，就可以作为窨茶的茶坯。这里，我们选择了一款有些失香但口感尚不错的乌龙茶。用干净的平底锅在炉火上烘焙至茶叶发烫、茶香飘出（也可以把它置于干净瓷碟里，用微波炉复火，注意掌握时间，可以少时多次以茶叶微微发烫散发茶香为宜）。趁热，和干桂花拌匀窨制（茶七花三），装罐密封，不时摇动，约1周，茶香花香浑然一体即成。用此法来处理那些已失却茶香但未变质的陈茶，可使陈茶焕发新滋味。如用新鲜桂花，花的量要增加，而且鲜花有水汽，茶叶窨制一日后要及时焙干。其他茉莉花、白兰花、金银花、玫瑰花等可食用的花都可用此法来窨制花茶，但花店专门培育用来观赏的花，因为有可能农残超标，在不确定的情况下，不要盲然用来窨制茶叶，以免影响健康。

炉火烘焙乌龙茶坯

窨茶的干桂花

趁热拌入桂花

装罐

窨制好的桂花乌龙

桂花乌龙茶配月饼

桂花飘香的中秋佳节，赏月吃月饼之际，取出桂花乌龙泡饮，只觉无比应景陶醉。

10.2 花茶的品饮

花茶融茶叶之味、鲜花之香于一体，饮花茶，犹如品赏一件茶的艺术品。下面以茉莉花茶的冲泡为例，将花茶的饮法说明如下。

泡饮花茶，有不少人喜欢先欣赏花茶的外形，干闻花茶的香气，以平添对花茶的情趣。

泡花茶的水温根据茶坯的种类老嫩度决定，比如茉莉花茶茶坯是绿茶，所以水温可以在85 ℃左右，桂花乌龙、桂花红茶则可以用沸水冲泡。

花茶具体泡饮程序如下：

（1）备具 一般品饮花茶的茶具，可选用素瓷盖碗（配有茶碗、碗盖和茶托）或瓷壶，如冲泡茶坯特别细嫩的花茶，为提高艺术欣赏价值，也有采用透明玻璃杯、玻璃壶。

（2）烫盏 就是将盖碗置于茶盘，用沸水高冲茶盏、茶托，再将盖浸入盛沸水的茶盏转动，尔后倒去水，这个过程的主要目的在于清洁茶具，提高盖碗的温度，有利烘托花茶的茶香。

（3）置茶 用竹匙轻轻将花茶从贮茶罐中取出，置入茶盏。用量结合各人的口味按需增减，一般为 2 ~ 3 克。

（4）冲泡 向茶盏冲入沸水，通常宜提高茶壶，使壶口沸水从高处落下，促使茶盏内茶叶滚动，以利浸泡出味。一般冲水至八分满为止，冲后立即加盖，以保茶香。

（5）闻香 花茶经冲泡静置半分钟后，即可提起茶盏，揭开碗盖一侧，用鼻闻香，顿觉芬芳扑鼻而来。有兴趣者，还可凑着香气做深呼吸状，以充分领略香气对人的愉悦之感，人称“鼻品”。

（6）品饮 经闻香后，待茶汤稍凉适口时，小口喝入，并将茶汤在口中稍做停留，以口吸气、鼻呼气相配合的动作，使茶汤在舌面上往返流动 1 ~ 2 次，充分与味蕾接触，品尝茶叶和香气后再咽下，这叫“口品”。所以民间对饮花茶有“一口为喝，三口为品”之说。茉莉花茶一般可冲泡 2 ~ 3 次，接下去即使有茶味，也很难有花香之感了。

茉莉花盖碗茶

附 花茶茶艺表演解说词

1. 烫杯——春江水暖鸭先知，
2. 赏茶——香花绿叶相扶持。
3. 投茶——落英缤纷玉杯里，
4. 冲水——春潮带雨晚来急。
5. 闷茶——三才化育甘露美，
6. 敬茶——一盏香茗奉知己。
7. 闻香——杯里清香浮清趣，
8. 品茶——舌端甘苦入心底。
9. 回味——茶味人生细品悟，
10. 饮罢——饮罢两腋清风起。

四川盖碗茶

最讲究最喜欢喝茉莉花茶的莫过于天府之国的川人，漫步在成都街头，到处都是放着竹制桌椅的茶座，尤其是节假日，人们更是三五成群，人手一盖碗茉莉花茶，聚在一起聊天打牌下棋，悠闲自在放松无比，“茶博士”拎着长嘴壶，离老远一道水线精确地斟入客人的茶碗，那份潇洒从容叹为观止，成了一道独特的城市休闲文化风景。

四川的盖碗茶以其冲茶技艺的高超，以及茶馆的别有风味，而自立于茶饮之林。冲泡盖碗茶的“茶博士”更有一手绝活，他们能一手提长嘴大铜壶，一手拎数套茶碗；摆放茶碗快捷利落，如彩蝶飞舞；冲茶能隔座添水，让水柱凌空而降，翻腾有声；而一当茶水与碗沿相齐，就戛然而止，碗外不留一滴。四川的茶馆多构建于竹畔、林间、水边，通行大靠背竹椅，雅致、舒适、安稳，便于半躺聊天，闭目养神，可享恬静悠然之趣，甚至达到融融和和，浑浑冥冥、物我合一的最高境界。

10.3 芳香花草茶

在英语中，花草茶和药草茶是同一个名词：Herb tea 或 Herbal tea，但用中文说起来这两个词应是有不同含义的。中文中的药草茶主要目的是治病，配制时注重的是功效，药草用量多，口味浓重或许还不怎么可口，比如广东的凉茶；而花草茶则主要是为了休闲和享受去饮用，在配制时降低了所用材料的量，并且特别注重色香味的调配，所以，花草茶是相当温和的，它对人产生的功效更多是心理上的愉悦，生理功效往往要经常喝大量喝才能见效，正因为如此，花草茶也是非常安全的。在欧美、日本等发达国家，许多的家庭主妇常常在自己的花园、阳台上种植香草，随时摘取新鲜枝叶用于泡茶、烹调、美容，平添不少生活情趣。

剪几枝盆栽的薄荷泡一壶薄荷茶

常见的花草茶有菊花、玫瑰、桂花、薄荷、薰衣草、九品香莲等。

杭白菊枸杞茶

可食用金丝皇菊及茶汤

九品香莲干花

碗泡九品香莲茶

玻璃壶泡九品香莲茶

泡饮花草茶一般可以选用西式红茶具，用外壁绘有花草虫鸟图案的精制的瓷壶冲泡，与散发大自然气息的芳香花草茶颇为契合，如果用玻璃壶更可以透过杯壁，观赏花草浮潜伸缩、鲜活如生的形象，也可直接用大碗泡。若用干燥花草材料，可取1～2大匙置于壶中，新鲜材料则要适当加大用量，先用温水冲洗一遍（中药店买回的材料更要多冲洗几次，去掉吸附在表面的药味和灰尘），剪碎，使滋味容易浸出，然后用沸水闷泡，花叶1～2分钟，果子、枝干5～10分钟，再斟入茶杯饮用，茶杯中还可放置一二片完整花叶以增美感。多数花草茶滋味清淡，饮时可以根据个人口味加一些蜜糖、柠檬汁、牛奶等，还可放些新鲜水果切片，滴几滴果酒。喜欢甜味口感的除了直接加入糖与蜂蜜外，还可在泡茶时加一些甘草、甜叶菊、罗汉果来增添天然的甜味。

若原料是果实、树皮、根、茎等坚韧部分，采用锅煮法比较能萃取其中的精华（特别是以求得药效为目的时）。煮茶的锅是不锈钢、玻璃或陶瓷材质皆可，但铁制或铝制品可能会引起化学变化，并不适合使用。先将水煮沸，然后放入洗干净的原料，转小火煮至药草舒展开来，茶汤颜色及味道皆释出，即可熄火，过滤后倒入杯中饮用。在煮茶和焖泡的过程中，锅及壶一定要加盖密闭，以免药草中的挥发油随蒸汽散逸。

花草茶冷热饮皆可，热饮时可用一个小瓷炉，点上蜡烛来保温，冬日尤其是寒冷的雨天，点点烛火更给人温暖的感觉，这时与家人好友围坐在一壶散发着芬芳气息的花草茶畔，边喝茶，边聊天，会让人倍觉生活的美好。炎炎夏日，喝一杯冰冻薄荷茶、洋甘菊茶等，清凉爽口，暑气顿消。只是喝冰茶要泡得浓些，这样才不会在加冰块后稀释了花草茶的滋味。如果事先用花草茶汁做好冰块，每个冰块内再放一点新鲜的香草叶和花，就不会有稀释的问题，而且可以增添品尝时的情趣。口味轻柔的花草茶在任何时候都可饮用，若再配合其药理功能，在适当的时候享用，也是不错的选择。例如，晨起品尝提神的薄荷茶；餐后不妨辅以促进消化的柠檬马鞭草茶；睡前则适合饮用助眠的西洋甘菊茶、薰衣草茶等。女性经常饮用艾草茶和玫瑰花茶，还可以帮助调经活血、美容养颜。日常忙碌紧张的都市人，不妨偷闲挑选一个安谧的角落坐下来，放上一曲柔和的音乐，泡上一壶充满自然气息的花草茶，搭配一盘清淡爽口的点心，或独自捧读，或三五好友围坐轻谈，让疲惫的心灵得到短暂的休憩，对调节我们的身心健康都大有好处。

艾草茶

玫瑰花茶

栀子花茶

实训 13　茉莉花茶盖碗冲泡和花草茶玻璃壶冲泡

1. 实训目的

了解花茶与花草茶的不同点和品饮方法，牢固掌握盖碗冲泡技巧。

2. 实训器具

盖碗、公道杯、品饮杯、西式红茶具 1 套（茶壶可以换成玻璃壶以观赏花草茶形色）、小茶勺、过滤网、煮水壶、电陶炉、茶荷、茶拨、水盂、茶巾、茶盘。

3. 实训材料

茉莉花茶 3 克 / 组、食用玫瑰花蕾 10 朵 / 组（或鲜薄荷枝条、九品香莲、薰衣草茶等花草茶）、冰糖、矿泉水。

4. 实训步骤

1）盖碗冲泡茉莉花茶

温杯洁具依次烫洗盖碗、公道及品饮杯→投茶、往盖碗中投入茉莉花茶 3 克→ 85 ~ 90 ℃水冲泡，约半分钟→出汤入公道杯→分茶入小杯→观色、闻香、品味，茉莉花茶汤呈金黄色，兼具茉莉花香和茶香，滋味清郁爽口，有回甘。

2）瓷壶（玻璃壶）冲泡花草茶

温杯洁具依次烫洗瓷壶、西式红茶杯→投茶、往壶中投入玫瑰花蕾 10 朵（如果是新鲜薄荷枝条等香草，要洗净，剪成约 1 厘米长度），喜欢甜味的可加入大块的冰糖（大块的冰糖慢慢融化，可使几泡茶都有甜味）→ 90 ℃水冲泡，约 1 分钟，等花草在壶里舒展出汤色→出汤经滤网分茶入红茶杯（喜欢冰饮者也可在杯内加入冰块或冰冻水果）→观色、闻香、品味。

5. 思考题与实训报告

如何确定花茶的泡茶水温？你喝过一些特别的芳香花草茶吗？请分享一下感受和品饮方法。

下篇

茶席设计和茶会组织

台湾著名散文家林清玄说过，“忙会失去很多东西，失去浪漫的心情，失去对理想的憧憬，失去创造力和想象力。常常有人说什么是浪漫，其实浪漫很简单，就是浪费时间慢慢走，浪费时间慢慢吃饭，浪费时间慢慢喝茶”。慢慢喝茶可以让人有一颗从容的心去面对人生。经常听人说忙，没有时间泡茶慢慢品，其实与其说现代人没有闲工夫泡茶，还不如说是因为没有闲心泡茶。好好调整心态，花个一二十分钟泡一壶茶其实并不难，百忙中“偷得浮生半日闲”，让一杯香茗“洗去尘嚣一身轻”吧。

⑪ 茶席设计

日常生活中，并不是总有条件有单独的茶室供我们喝茶品茗，但在空间的一个角落，布置一个茶席还是比较容易做到的。一个舒适惬意的茶席主要包括茶叶、茶具、茶桌、茶席布、茶花，再考究一点还要有茶挂、艺术品摆件、背景音乐等。

11.1 茶叶的选择

茶席设计中，茶叶是应该最先确定的，根据选定的茶叶，才可以搭配茶具等配件，而茶叶的选择除了个人爱好以外，还可以根据喝茶的人的身体状况、季节、喝茶的时间等来选茶。身体健康强壮的人所有的茶都适合；但脾胃虚弱的妇女、儿童、老人则更适合温和的茶类，比如红茶、熟普等；烟酒多，经常上火的人适合绿茶、白茶、生普；有“三高”的肥胖人士可以经常喝黑茶。春天万物生发，夏天酷暑炎热，不妨喝点绿茶；秋天干燥易上火，不妨喝点老白茶；寒凉天适合喝温暖的乌龙、红茶，或者煮饮一壶黑茶、老白茶。但也不是绝对，有时夏天虽酷热，却经常待在凉爽的空调房里，也适合喝点温暖驱寒的乌龙、红茶等；而北方的冬天，虽说室外冰天雪地，但室内暖气充足，干燥易上火，也不妨喝点清火的绿茶、白茶。总之选茶不能一概而论，要多方面考虑。一个经常喝茶、喝过很多茶的人，他的身体对各种茶的反应会有记忆，这时，我们只要跟着感觉走即可，让我们身体舒服、精神愉悦的茶都是适合的。

11.2 茶具及配件的选配

11.2.1 简洁素雅，做减法

茶席上的茶具和配件，应该尽量简洁，不要摆得满满腾腾，要给茶席留白。除了必要的茶具，装饰性的配件 1 ~ 2 件画龙点睛即可，茶席茶席，主角始终是茶。

瓷盖碗、公道杯、品饮小杯与茶托，再加上煮水壶、茶荷、水盂，这样一套基本的茶具几乎适合所有的茶

11.2.2 色彩和谐

茶具和席布及周围环境的配色要和谐。茶具如果色彩比较丰富，席布和环境就要相对纯色调；反之，在比较嘈杂的环境或席布比较鲜艳多彩时，则应该选取白色或其他素色茶具，大型的绿叶如芭蕉叶、荷叶、海芋叶等也可以作为茶席的衬垫。茶具要和所泡茶种类相配，要能够比较好地体现茶的色香味。比如，观赏价值比较高的芽茶、花茶，可以选用玻璃茶具；普洱等黑茶，可以选用拙朴的陶器；调饮红茶可选用西式茶具，乌龙用紫砂小壶，而瓷盖碗则几乎适合一切茶类。为了观汤色，不管是壶泡还是盖碗冲泡，都不妨配置一个玻璃公道杯。选用的茶道具也应该和季节相配合。比如春夏天，用清澈透明的玻璃茶具或清雅的青瓷；秋冬天则可用比较深色沉稳的紫砂陶壶；逢年过节，来一套红色的柿柿如意茶具也非常应景。

春夏天泡饮绿茶，用一片海芋的绿叶营造满目清凉

冬天的茶席用红色的衬垫，烫洗碗杯的热水倒入水盂中，激发起蜡梅落花的香气，很有暗香暖寒冬的气氛

11.2.3 茶具摆放要符合顺手美观原则

茶具在茶席上的摆放一要使用起来顺手，二要观之美观不凌乱。作为主泡器的茶壶或盖碗，一般放于司茶者正前方，下面用壶承承托。公道杯可与主泡器并排放在左面，方便出汤，但也可以放于主泡器右前方，这样出汤时可向宾客更好地正面展示司茶者的精神面貌和

茶具摆放要顺手又美观

动作。茶杯可以一排放置，或者下面用长条的托盘增加整体感。茶杯数量较多时也可不对称分组摆放，主人的杯子可以单独放在靠近司茶者的左前方，方便主人品茶，感受自己泡的茶汤的色香味。

11.2.4 茶席花

摆放在茶席上的花草要素雅，不能喧宾夺主，应无毒无刺，季节性强，体现自然姿态和生态。

一枝婉约的朱槿花，在茶席上留下美丽光影

夏日茶席上的睡莲给人清凉的感觉

一片残瓦盛栽的郁郁青苔也是茶席的好装饰

11.2.5 背景音乐

品茶时也可有轻柔的音乐陪衬，如江南丝竹、昆曲、评弹、越剧等地方戏曲，配合当地特产的茶，别有一番风味。古琴笛箫、佛乐梵音，伴着缕缕清香、袅袅茶烟，更易使人进入一个超凡脱俗、淡泊恬然的境界。

11.3 茶室盆栽和茶席插花

“茶”字，拆开看便是“人在草木间”。茶，是大自然孕育的一片树叶。能在草木葱郁的山水间品茶，会让人感觉格外惬意有感觉。只是很多时候，我们日常没有这样的条件，茶人们往往通过在茶室中摆放绿植，茶席中安置插花，来营造一种“人在草木间”的品茶氛围，茶室文人盆栽和茶席插花这种特殊的绿植和插花类型应运而生。

11.3.1 茶室盆栽

茶室摆放的盆栽，除了充满文人趣味的传统水、旱山石盆景，还可以是有着特殊雅题象征的植物，比如挺拔不老的松、虚怀若谷的竹、凌霜傲雪的梅、隐逸君子的菊、幽谷自芳的兰、凌波仙子水仙、侣石伴水的石菖蒲，等等。不一定是名贵花草，不需要繁花似锦，却追求自然雅趣生动，哪怕是一丛山间野草，一盆绿油油的苔藓，都能成为茶室的案头盆景。这种小中见大，俗中取雅的审美情趣，是要靠平时不断的文化修养积累的。

枯木上的苔藓和石菖蒲

水养的铜钱草仿如荷叶田田

各种小巧的多肉也适合放在茶席

水养的麦冬草有兰叶的风姿

各种兰花

枯木中栽培的一丛石菖蒲

姬翠竹与石头

青苔石头组成的枯山水

土人参小盆景

盖碗里的虎耳草

纤秀的凤尾竹和红枫盆景

11.3.2 茶室插花

盆栽要靠长时间的养护才能出效果，而插花却能立竿见影地装扮茶室和茶席。

在花材的选择上，茶席插花要求选用时令花木，最好茶人们亲自走向原野，爬上高山去采来野花，或用自己院子里种植的能体现出季节物候的花。比如，春天的桃、李、梅、杏、樱、牡丹、芍药，夏天的榴花、荷花、青竹，秋天的菊花、桂花、红叶，冬天的蜡梅、水仙、南天竺，温室里栽培的一年四季都有的花即使再漂亮也不合适。花的数量不宜多，通常只一朵或两朵，加上一些枝叶。花型要小，体现出谦美的风格。最好不用已经盛开的花，而是用马上就要开放的花苞，这样可以让客人在参加茶会期间观察到茶花的变化，自然凋零的花瓣也可以随意撒放在容器边上，使人们去领悟人生的无常。对于花香比较浓郁的鲜花，要

春天的芍药

夏日的荷花

秋天的菊瘦蟹肥

考虑其香气和茶叶的香气是否协调，比如新鲜的桂花和茉莉花茶就不合适，但和乌龙、红茶、熟普就不违和。茶花的色彩尽量不要太艳丽，花型也不要太饱满丰盛，比如菊花最好能瘦一点，枝条也不要过于壮直，所以很多商品化生产的切花菊其实并不适合。有条件的话，茶人们不妨自己栽培一些常用花卉，需要时可以选取姿态比较自然的当季花材。另外，茶席插花不要选茎部有刺的花或者有毒的花材和枝条。

冬天的蜡梅与水仙

自然风的茶花

日本茶道中是非常重视茶室用花的，主人通过约定俗成的茶花雅题来传达对客人的心意，客人们进茶室后都会先拜见茶花（盛物）来领会主人盛情款待的心意，主客之间的心领神会使得即使没有语言沟通，也洋溢着一种美好的情感交流。比如，春天的牡丹加竹子意为

百事如意

大寿佳色

富贵平安；秋天的百合、柿子、灵芝组成的雅题是百事如意；南天竺加菊花意为大寿佳色，很适合给老人祝寿；初夏的绣球和枇杷叫紫球琥珀；秋天菊花加蟹摆件组成菊瘦蟹肥的秋景；兰花佛手柑灵芝叫高士清友……这些主人美好的心意，都通过茶花传递给了客人。

各种撒（图片来自网络）

将花放进花瓶的动作，一般人称作“插”，而茶道里说“投”。由此也可见茶花是反对过分的摆弄，要求尊重花木的本来姿态。日本茶道中流传着一则故事：丰臣秀吉想为难千利休，让人送了一枝梅花和一个无法凭空固定花材的浅盆。千利休想了一下，在盆里装满了水，抖动花枝让梅花飘落在水面和盆周围，然后把梅枝斜搁在盆的一侧，营造出一种“疏影横斜水清浅”的意境，让人大为叹服。中国传统插花中用自然的枝干做“撒”是非常适合来固定茶花的，如果迫不得已用到花泥，一定要注意用一些自然材质进行遮蔽。

花艺大师倪志翔作品

花艺大师张超作品
用撒固定的插花，姿态自然，很适合做茶花

茶道插花创作有“四清同”的原则，即截清竹、汲清水、秉清心、投清花。意思是说我们可以自己截取青竹做花器，而不一定用名贵容器，以清洁无垢的心灵实现与花木直接对话，茶人认为只有这样，你所创作的茶花才能活起来。茶花一般是由主人准备好放在茶席上或者茶室一隅的，茶席上的花尽量简单，要注意不能喧宾夺主，并且不阻挡视线，放在角落的花则相对可以丰盛高大一些。也有一种茶会是由客人们每人各创作一瓶茶花，以相互观赏，切磋花艺。

暗香暖寒冬茶席

实训 14 茶席插花的练习

1. 实训目的

学习简单的茶席花的制作和摆放，练习做“撒”固定花材的技巧。

2. 实训器具

小型插花容器（瓶、碗、盆、竹筒等均可，以古朴清雅为好），小号剑山、花剪、绑扎用线绳等，以及与茶花相配的茶道具。

3. 实训材料

时令花材和枝条（可以去野外自己采摘）。

4. 实训步骤

花材的选用应该根据当时当地的气候，春天可用桃花、樱花、牡丹、芍药，夏天用青竹、绣球、蔷薇、荷花，秋天用菊花、桂花、红叶，冬天用红果、蜡梅、水仙、枯枝等。在教师的带领示范下，制作 1 ～ 2 个茶花作品，并自己选择合适的茶具进行茶席布置，摄影留存。

5. 思考题与实训报告

给自己的茶花取名并写出设计说明，作品完成后选择合适的茶具，进行茶席布置，摄影留存。

⑫ 茶会组织

12.1 茶会的准备

成功的茶会和茶会前的精心准备是分不开的。

12.1.1 确定一个雅题

比如根据季节定的四季茶会：拜访春天——绿茶新茶品鉴，夏日清凉茶会→赏荷、避暑，秋日赏月的月见茶会，冬日围炉品茗赏腊梅→暗香暖寒冬，等等。也可以是专门为了一个主题而开的茶会，比如为老人祝寿、贺年轻人成年、赏画、读诗、听琴，等等。台湾茶人解致璋还组织过凌晨的静心茶会——清风起山林，伴着晨曦鸟鸣，物我两忘。

12.1.2 人员安排

从主持、迎宾、插花、司茶、助泡、准备茶点、摄影、杂务统筹等都需要根据各人的特长，安排到位，明确责任。大家既要各司其职，做好自己负责的事，又要和他人协调合作好，只有大家同心协力才能办好茶会。

12.1.3 选茶

根据雅题、季节、客人爱好来选择茶会所用的茶和泡茶的方法。春天宜用当年的新绿茶；夏天用白茶、绿茶、冰泡茶等；秋天选铁观音、单丛、茉莉花茶、老白茶等；冬日则用普洱老茶、岩茶、红茶等。

12.1.4 发请帖

确定主宾与其他客人，确定时间地点后，发出邀约请帖，并确认出席人数。请帖中要写明茶会的雅题、主理人、茶品、程序安排、时间、地点，甚至着装要求等。

12.1.5 茶会环境布置

用于茶会的场地，首先当然是打扫清洁，保证无异味无尘埃，其次就是美化。墙上合适的位置可以挂上适合的书画挂轴，俗称“茶挂”。茶挂的内容要与茶会主题和谐，要考虑到时令季节、宾客的身份，等等，或娴雅意趣，或旷达幽远。朴雅的茶挂，融于空间，有添韵升格之功。挂轴不宜多，要有素雅的留白。固定的茶室内，平时都要根据时令的转换更换不同内容的挂轴，一方面可避免长时间挂同一幅挂轴让纸质风化变脆易损坏，另一方面也是避免审美疲劳，增加新鲜感和季节感。

日常茶挂——弄花香满衣

日本煎茶会茶挂——和敬清闲

冷暖合适天气好的季节，茶会也可以放在花草葱郁的室外，让宾客感受“人在草木间”品茶的惬意。大部分室内的茶会，我们可以借助绿植插花来营造富有自然气息的品茗环境。茶室门口可以安排较高大的绿植将入口掩映起来，让宾客进门时有一种豁然开朗的雅趣。接待处桌面一般可以安排一盆时令迎宾花，花旁置纸笔行签到之功能。茶室一角可安排一盆较大的雅题插花，每一个茶席则可以放置小盆的插花或盆栽。各处案几、层架还可放置一些雅致的文人盆栽，比如兰花、青竹、石菖蒲、苔石，等等。

茶室中也可安排一香席，焚点的香要以清淡自然为宜，切不可浓郁呛鼻，幽雅的沉香就很得体，如果有佛手、木瓜之类的清供香果更是合适。

环境布置好以后，清洗消毒所有的茶具并摆好茶席。如果有榻榻米席需要脱鞋，要备好一次性袜子，以备不时之需。

夏日的茶室用绿化修剪下来的树枝装扮得绿树荫浓

门口青竹做帘有客人进门叮咚作响

茶室进门的玄关可摆设应季的插花和鲜果做迎宾并设签到本

如花在野的自然风插花很适合装点茶室（花艺大师倪志翔作品）

茶室一角可放相对大型的时令插花

茶室可置香炉

茶席上赋香的佛手果

12.2 茶会程序安排

一般来讲，茶会的程序大致如下：

在预定正式开始前的半小时，来宾陆续到达，签到，主宾寒暄交流，宾客观赏茶室内的插花、茶具、挂轴等摆设，以及周围庭院的环境。日本茶道的茶会，仪式感更强，进入茶室前要经过专门的茶庭（露地），有一系列约定的仪规。这个时候可以摄影，但在茶会开始前要提醒大家将手机设置成静音，当然最好能收起手机，茶会可备专人摄影，宾客静心品茶。

日本茶道仪式中进入茶室前露地洗手的蹲踞

约定时间到了，主人宣布茶会开始，介绍第一道茶品，各席司茶人给来宾泡茶，茶过三巡，可穿插弹琴、赏画、吟诗等文化活动，其间奉上应时清淡雅致的小茶点，比如绿豆抹茶糕、端午迷你小粽子、桂花糖莲子、中秋月饼、冬日梅花茶果子。

绿豆抹茶糕

端午迷你小粽子

桂花糖莲子

中秋月饼

冬日梅花茶果子

一种活动告一段落，主人可介绍第二道茶品，司茶人给宾客泡茶，宾客品过茶后，再进行另外的活动，如此这般，一般以 2 ～ 3 道茶品为佳，不需安排太多茶品和活动，否则蜻蜓点水不能品透饮尽每一款茶反为不美。茶会结束时，可安排一些时间自由活动、合影等。宾客告辞时，主人可以随手奉上时令随景的小手信，让宾客尽兴而归。

12.3　茶会案例

12.3.1　春日茶会——赏新茶会、赏花茶会

春天百花盛开新茶上市，可以开一些品新茗的赏花茶会。

例 1　太湖寻春（早春茶会）

※ 茶品　碧螺春、太湖翠竹、阳美雪芽等太湖之滨的名优绿茶。

※ 备器　玻璃杯、玻璃盖碗、茶盘、茶艺小道具、随手泡、茶巾、茶荷等。

※ 茶花　宜选用春天的时令花，桃、李、梅、杏、樱等。

※ 茶点　橘红糕、薄荷糕、麻酥糖等苏式小点心。

※ 音乐　丝竹合奏《茉莉花》《春江花月夜》；古筝、琴曲《出水莲》《高山流水》《梅花三弄》《禅院钟声》等；苏州评弹。

例 2　红楼遗梦（暮春茶会）

※ 茶品　龙井、昔归生普。

※ 备器　玻璃盖碗、青花瓷盖碗、公道杯、品饮小杯、茶盘、茶艺小道具、随手泡、茶巾、茶荷等。

※ 茶花　芍药、蔷薇、菖蒲、石榴花等。

※ 茶点　橘红糕、薄荷糕、麻酥糖等苏式小点心。

※ 音乐　丝竹合奏《茉莉花》《春江花月夜》；古筝、琴曲《出水莲》《高山流水》《梅花三弄》《禅院钟声》等；苏州评弹。

12.3.2 夏日茶会——端午茶会、清茗探荷

例 3 端午茶会

※ **选茶** 霍山黄芽、茉莉花茶、昔归普洱等香气较浓郁的茶（端午时节，南方多数天气潮湿闷热，香茶可以疏胸理气，有利祛暑湿）。

※ **备器** 盖碗、公道杯、品茗杯、茶盘、茶艺小道具、随手泡、茶巾、茶荷等。

※ **茶花** 选用鸢尾、石榴花、菖蒲叶、艾草叶、嫩荷叶、竹枝、蕉叶、绣球、枇杷果、荔枝果等来表示初夏的景致。

※ **茶点** 迷你粽子（最好是新鲜芦苇叶和竹叶包的）、菱角、笋干青豆、枇杷、荔枝等有初夏时令特色的点心和果子。

※ **音乐** 丝竹合奏《茉莉花》《二泉映月》《雨打芭蕉》；古筝、琴曲《出水莲》《姑苏行》《蕉宿夜雨》《渔樵问答》等；苏州评弹。

例 4 清茗探荷

※ **选茶** 安吉白茶、九品香莲。

※ **备器** 玻璃盖碗泡安吉白茶、碗泡茶器（清雅素瓷或玻璃材质）及品饮小杯泡九品香莲茶。

※ **茶花** 荷叶、莲藕、莲蓬、荷花、睡莲、菖蒲、鸢尾等。

※ **茶点** 绿豆糕、糖莲子、糖藕等。

※ **音乐** 古筝、古琴音乐，有关莲花的歌曲，比如《莲花处处开》之类的佛教音乐。

12.3.3 秋日茶会——中秋茶会、重阳茶会

例 5 中秋茶会

秋高气爽尤其适合赏月，可举行晚上的中秋（月见）茶会。

※ **选茶** 桂花乌龙、陈年白茶、菊花普洱等，桂花乌龙可用工夫茶泡法，陈年老白茶和菊花普洱可采取玻璃壶煮饮方式。

※ **备器** 盖碗（紫砂壶）、公道杯及小杯、玻璃煮茶壶。

※ **茶花** 选用桂枝、菊花、芦花、莲藕、红枫、红果等来表示秋意和圆满。

※ **茶点** 月饼（微型最好，大的要切块）、桂花糖莲子、桂花糕、菊花糕等。

※ **音乐** 丝竹合奏《茉莉花》《二泉映月》；古筝琴曲《汉宫秋月》《平湖秋月》《彩云追月》等。

例 6 重阳茶会

※ **选茶** 各种青茶、陈年白茶、菊花普洱等，青茶可用工夫茶泡法，陈年老白茶和菊花普洱可采取玻璃壶煮饮方式。

※ **备器** 盖碗（紫砂壶）、公道杯及小杯、玻璃煮茶壶。

※ **茶花** 选用菊花、山归来、茱萸、南天竺等红果、芦花、莲藕、红枫等来表示秋意和圆满。

※ **茶点** 重阳糕、桂花糖莲子、菊花糕等。

※ **音乐** 丝竹合奏《茉莉花》《二泉映月》；古筝琴曲《汉宫秋月》《平湖秋月》《彩云追月》等，也可以放一些有关重阳节的民歌，比如《九九艳阳天》等。

12.3.4 冬日茶会——元旦茶会、春节茶会

例 7 元旦茶会

✿

冬日里的元旦茶会可以采取中西结合的形式。

※ 选茶 滇红、正山小种、阿萨姆红茶，可清饮，也可做奶茶、水果红茶等调饮红茶，备茶同时准备牛奶、砂糖、蜂蜜、水果等。

※ 备器 西式瓷茶器，煮水果红茶用玻璃壶、玻璃饮杯等。

※ 茶点 各种中、西式小点。

※ 音乐 可以放一些欢快的轻音乐，比如《春之声圆舞曲》等。

例 8 春节茶会

✿

农历新年春节茶会则可以采取纯中式传统的形式。

※ 选茶 红茶、岩茶、六堡茶、普洱等，可冲泡也可煮饮。

※ 备器 紫砂壶、盖碗、公道杯、品饮小杯、煮茶器、电陶炉、茶道具组、水盂等。

※ 茶点 以小巧精致的中式糕点为宜，搭配橘子等时令水果。

※ 音乐 喜庆欢快的民乐，比如《贺新年》《新年到》《花好月圆》《春天来了》等。

12.3.5 主题茶会

围绕某一主题举行茶会，比如文士雅集、老人祝寿、读诗赏琴、书画鉴赏等。

例 9 文士茶会

✿

※ 选茶 选用上等新绿茶。

※ 备器 青花瓷盖碗、茶盘、茶艺小道具、随手泡、茶巾、茶荷等。

※ 茶花 根据季节选用荷花、兰花、梅花、菊花、竹叶、松枝等来表示文人追求的清雅高洁。

※ **茶点**　根据季节选用一些时令的清淡的点心。

※ **音乐**　丝竹合奏《春江花月夜》《二泉映月》；古筝、古琴曲《出水莲》《高山流水》《渔舟唱晚》《广陵散》《平沙落雁》《渔樵问答》等。

实训15　结课茶会（根据具体情况定不同的主题）

1. 实训目的

了解和学习茶会的基本程序，在茶会的组织实践过程中，学习统筹安排和协作精神。

2. 实训器具

合适的场地、茶具、花具、香具、音响器材、桌椅、桌布等。

3. 实训材料

茶叶、点心、花材、矿泉水、挂轴等。

4. 实训步骤

先确定茶会主题，分小组写出计划书，从主持、迎宾、插花、泡茶、助泡、准备茶点、摄影、杂务统筹等都需要根据各人的特长，安排到位，明确责任，分头准备。大家既要各司其职，做好自己负责的事，又要和他人协调合作好，只有大家同心协力才能办好茶会。茶会时，作为主人要注意仪表，打扮要美观大方，符合环境和主题，招待客人时言辞有礼、言之有物、不亢不卑、落落大方，展露出良好的文化和礼仪修养。

茶会的基本程序为：准备（清洁、插花、布置茶席、准备茶点、煮水等）→迎客签到→第一道茶→文化活动→点心→第二道茶→文化活动→会毕送客→清洁收场。

5. 实训报告

谈谈筹备及参加茶会的感受和体会。

参考文献

[1] 张少艾，鲁朝辉 . 半日闲茶趣 [M]. 重庆：重庆大学出版社，2012.

[2] 陆羽 . 古人的雅致生活——茶经（精选本）[M]. 白雪飞，绘 . 南昌：江西美术出版社，2018.

[3] 朱自振，沈冬梅，增勤 . 中国古代茶书集成 [M]. 上海：上海文化出版社，2010.

[4] 张少艾 . 花言茶语 [M]. 曹莺倩，绘 . 北京：化学工业出版社，2017.

[5] 廖宝秀 . 历代茶器与茶事 [M]. 北京：故宫出版社，2017.

[6] 滕军 . 日本茶道文化概论 [M]. 北京：东方出版社，1992.

[7] 余悦 . 图说茶具文化 [M]. 西安：世界图书出版西安有限公司，2014.

[8] 王迎新 . 吃茶一水间 [M]. 济南：山东画报出版社，2013.

[9] 池宗宪 . 普洱茶 [M]. 南京：译林出版社，2012.

[10] 雷波 . 发现藏茶 [M]. 广州：中山大学出版社，2013.

[11] 姚雷，张少艾 . 芳香植物 [M]. 上海：上海教育出版社，2002.

[12] 陈宗懋 . 中国茶经 [M]. 上海：上海文化出版社，1992.

[13] 劳动和社会保障部，中国就业培训技术指导中心 . 茶艺师 [M]. 北京：中国劳动社会保障出版社，2004—2008.

[14] 杨亚军 . 评茶员培训教材 [M]. 北京：金盾出版社，2009.